1 青海油菜花期的转地蜂场
2 蜂群在油菜花期生产蜂王浆

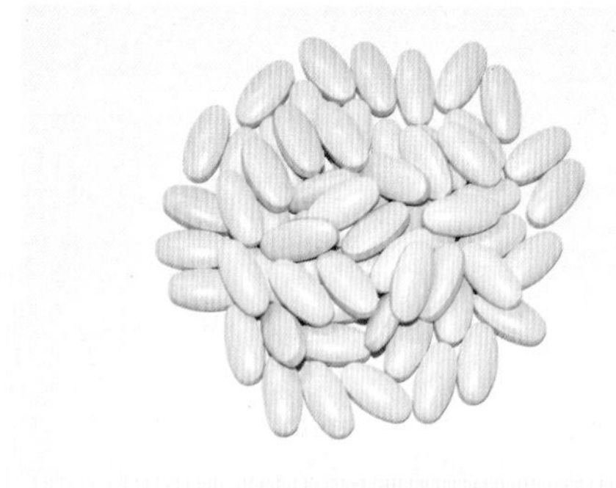

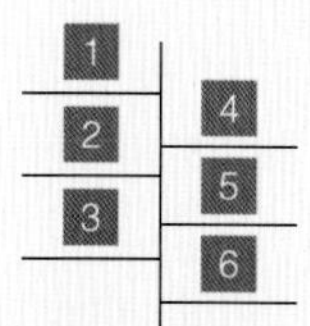

1 蜂蜜涂抹在面包上食用
2 蜂王浆片剂
3 蜂王浆蜜
4 枇杷蜂蜜水
5 蜂王浆冻干粉
6 深色蜜和浅色蜜

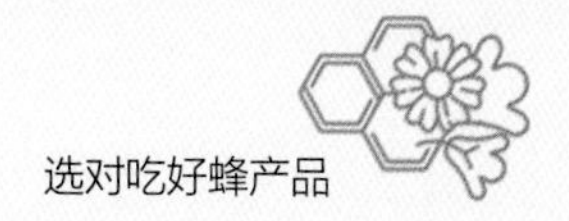

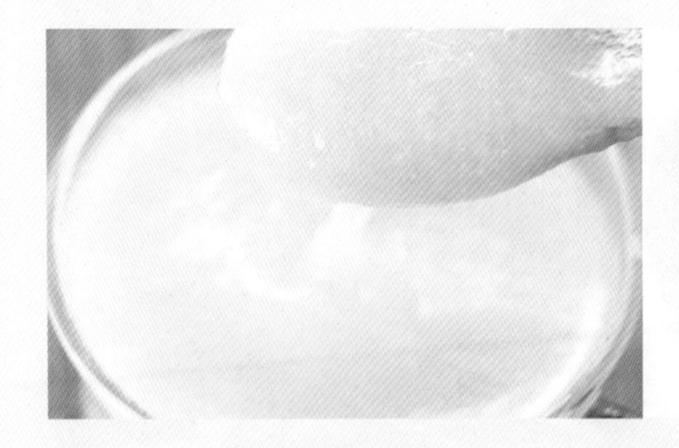

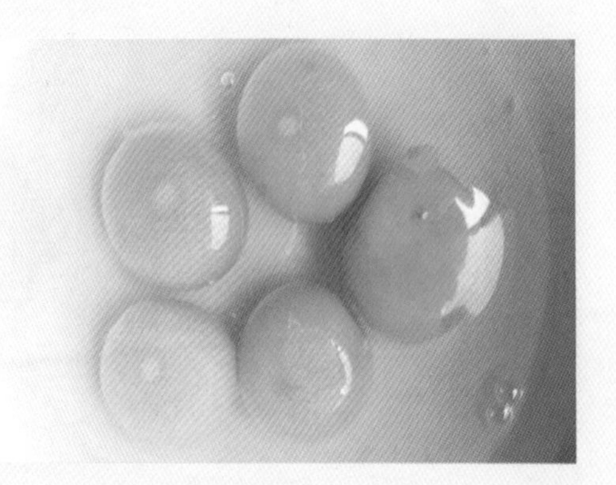

1 同等质量的蜂王浆中激素含量低于鸡蛋
2 蜜蜂为温室草莓授粉

1蜂蜜加工设备
2松花粉
3蜂花粉糕

1
2 3

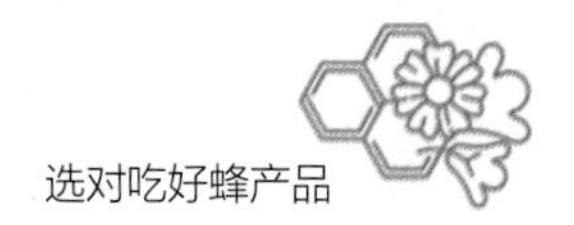

1 蜜蜂采集油菜花粉
2 蜂蜜饮品
3 蓝莓和蜂蜜可配合食用
4 蜜汁排骨

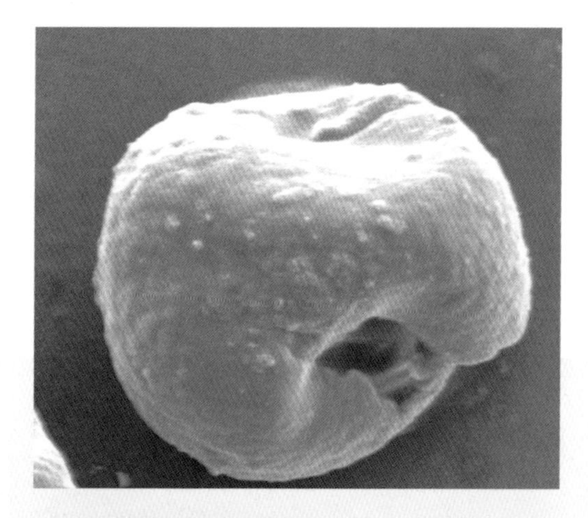

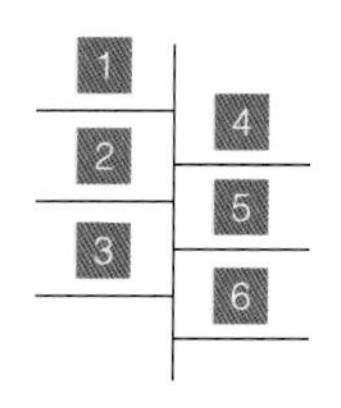

1蜂花粉破壁的微观状态
2采集蜂胶的工蜂
3蜂王浆口服液
4蜂王浆及蜂王幼虫
5蜜蜂采集胶原植物花粉
6工蜂分泌蜂王浆

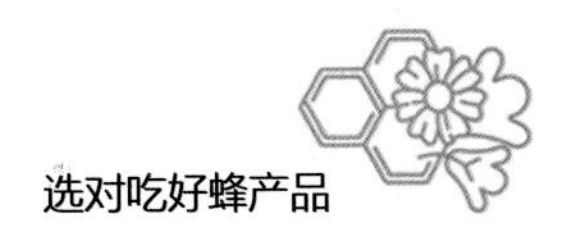

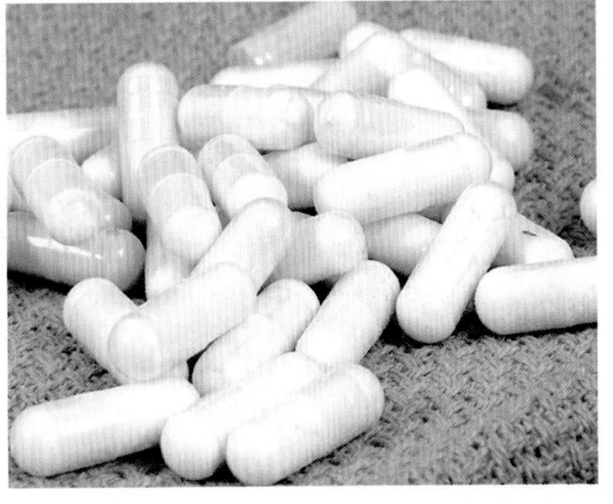

1 蜜蜂采集荆条花粉
2 不同品种的蜂花粉
3 蜂王浆硬胶囊

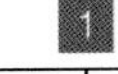

1蜂花粉可乐
2乳酪型蜂蜜
3蜂花粉蜜
4蜂胶原料
5蜂王浆胶囊
6蜂花粉冰激凌

蜂产品与人类健康零距离

彭文君　赵亚周 · 编著

选对吃好蜂产品

中国农业出版社
农村设物出版社
北　京

CONTENTS 目录

Part 3　选对、吃好蜂产品　/　51

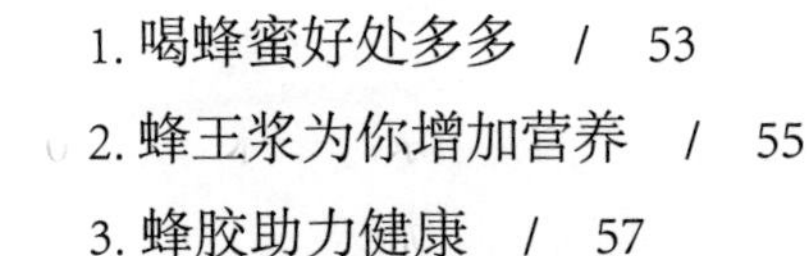

Part 1

打开蜂箱，探秘蜂产品

（一）蜜蜂和蜂产品

（二）蜂蜜，最直接、最有效的能量来源

（三）蜂王浆，延年益寿之珍

（四）蜂胶，优秀的抗菌剂

（五）蜂花粉，美容健康佳品

（一）蜜蜂和蜂产品

1. 最勤劳的小生灵——蜜蜂

蜜蜂化石（赵亚周/摄）

在一亿多年前的侏罗纪地层中，考古人员发现了最原始的蜜蜂化石，它被命名为古蜜蜂（Paleoapis）。随着显花植物（也就是我们常见的开花植物）逐渐出现，小小的蜜蜂也随之繁盛起来，由于开花植物非常稀少，食物来源不足，蜜蜂由散居向群居发展，形成了最早的蜂群。在距今一千多万年前的晚第三纪地层中，人们又发现了更多的蜜蜂化石，说明当时蜜蜂的数量已经非常庞大，在地球的整个生态系统中起着举足轻重的作用。随着人类开始使用工具和驯化动植物，蜜蜂逐渐成为人们生产中不可或缺的资料，同时也为人们食物来源的拓展做出了重大贡献。

中国的养蜂已有2000多年的历史，是世界上最早饲养蜜蜂的国家之一，我们在大部分时间中以饲养本土蜜蜂——中华蜜蜂为主。直到20世纪初，第一批意大利蜂被引入我国，西方蜜蜂和现代养蜂技术也随之传入进来。

蜜蜂是自然界中最主要的授粉昆虫，它们为我们的农作物增产做出了重要贡献。据统计，在人类所利用的1330种作物中，有1100多种需要蜜蜂授粉（约占82.7%）。实践证明，蜜蜂授粉可使棉花、油菜、荞麦、苹果、柑橘、向日葵、茬子等农作物增产，并显著改善农产品品质、提高效益，对于保护植物的多样性和改善生态环境有着不可替代的作用。

蜜蜂为温室草莓授粉（张红/摄）

中国是世界养蜂大国，养蜂从业人员、蜂群数量、蜂蜜产量和蜂蜜出口4个指标均居世界前列。中国蜂群数量由1949年的50万群发展到2017年的903.1万群，占世界蜂群总数的约1/10。中国蜂蜜年产量从1958年的1.23万吨发展到2017年的54.3万吨，占世界蜂蜜总产量的1/4以上。中国蜂蜜出口量居世界首位，每年蜂蜜出口都在10万吨左右，年创汇约2亿美元。然而，中国是蜂蜜出口大国，但不是强国，一些出口企业以“数量扩展，低价竞销”的方式拓展国际市场，在对外贸易中实际利润比较微薄。

全国现有蜂产品加工企业2000余家，遍及各地，主要集中于浙江、江苏、北京、湖北、安徽、上海、山东、四川等地。

养蜂人操作蜂群（赵亚周/摄）

青海油菜花期的转地蜂场（赵亚周/摄）

2. 历史文献中的蜂产品

在我国，蜂产品的食用历史久远，早在公元前3世纪，蜂蜜便已成为帝王的食品。公元前278年的《楚辞》中有蜂蜜酒的记载。《三国志》中记述有蜜渍果品的生产方法，其中讲到大将袁术“欲得密浆，又无密。坐枨床上，叹息良久”。

我国最早的一部药物学专著是秦汉时期的《神农本草经》，书中对蜂产品的应用做了详细的记载。如《神农本草经·上品》中记述：石蜜（产于岩石洞中的蜂蜜）味甘平，主心腹邪气，诸惊痫痓，安五藏诸不足，益气补中，止痛解毒，除众病，和百药，久服强志轻身，不饥不老。明代李时珍的《本草纲目》也有记载蜂蜜“入药之功有五，清热也，补中也，解毒也，润燥也，止痛也。生则性凉，故能清热；熟则性温，故能补中；甘而和平，故能解毒；柔而濡泽，故能润燥；缓可以去急，故能止心腹肌肉疮疡之痛；和可以致中，故能调和百药，而与甘草同功。”

1800年前，张仲景的《伤寒论》中将蜂蜜用于多种方剂，并发明用蜂蜜栓剂缓解便秘的方法。明代医学家李时珍在《本草纲目》中列举使用蜂蜜的处方达20余种。古代诗人笔下的蜂蜜还有“散似甘露，凝如割肪，冰鲜玉润，髓滑兰香，穷味之美，极甜之长，百药须之以谐和，扁鹊得之而术良，灵娥御之以艳颜”之美誉。

3. 古代著名诗人的蜂产品赞歌

唐代诗人孟郊，曾患头晕健忘症，食用蜂花粉后自愈。当他于寒食节出游济源（今河南境内）时见人利用蜂群采收蜂花粉，喜作诗颂之：

蜜蜂为主各磨牙，
咬尽村中万木花。
君家瓮瓮今应满，
五色冬笼甚可夸。

各类蜂产品（赵亚周/摄）

4. 蜂产品的“五抗”作用

蜂巢既是一座生物工厂，又是一个丰富的医药宝库。在这里，蜜蜂将花蜜酿成蜂蜜，用蜂蜜和花粉制作蜂粮，年轻的工蜂分泌营养丰富的蜂王浆。蜂蜜、蜂花粉、蜂王浆是优质的天然营养食品，蜜蜂的幼虫和蛹还是人们的美味佳肴。

研究表明，未经任何处理的蜂蜜具有较强的抗菌活性，对包括葡萄球菌、假单胞杆菌、沙门氏菌等在内的60多种细菌和7种真菌具有杀灭活性。这主要是因为蜂蜜中的糖含量高，有很高的渗透压，大多数微生物在这种环境下无法生存。此外，蜂蜜中含有一定数量的过氧化氢等具有抗菌作用的物质，且蜂蜜呈酸性，其pH为3.2～4.5，大多数病原菌的生长都会受到一定程度的抑制。

蜂产品根据其来源和生产过程分为三大类。第一类是由蜂群中的工蜂采集植物所产生的天然物质，经过一系列的生理、生化和物理作用加工而成，包括蜂蜜、蜂花粉、蜂粮和蜂胶。第二类是由工蜂体内某些特殊的腺体分泌而来，包括蜂王浆、蜂蜡和蜂毒等。第三类为蜜蜂胚后发育期的幼虫、蛹、成虫三种躯体。

蜂产品大都可以被人们直接利用，具有补充营养、辅助治疗和调节机体的作用，可抗辐射、抗炎症、抗肿瘤、抗疲劳和抗衰老，对神经系统(如神经衰弱)、消化系统（如肠胃病、肝脏病)、内分泌系统、造血系统(如贫血)、心血管系统（高血压、高血脂）等病症有一定的调理作用。

蜂王浆及蜂王幼虫（赵亚周/摄）

（1）蜂蜜，天然的营养品和美容剂

蜂蜜是纯天然的营养品和美容剂，能增强人体免疫力，对人体健康起着重要的保护作用，目前已越来越引起人们的关注和重视。现代医学证明，蜂蜜适用于缓解肝、肾、心血管和呼吸道等疾病。蜂蜜有保肝的作用，能促进肝细胞再生，对脂肪肝的形成有一定的抑制作用。蜂蜜还有益于胃肠病、肺结核、贫血和手术后等患者的康复。经常食用蜂蜜的儿童，体重增长较快，血红蛋白含量增高，对疾病的抵抗力增强。蜂蜜还具有抗菌和促进创伤愈合的作用，并有很好的护肤和美容效果。

记载有蜂产品的古籍（赵亚周/摄）

（2）蜂王浆，强力身体调补剂

蜂王浆对衰老体虚、更年期综合征、神经症、失眠、厌食、贫血、高脂血症等有良好的调理作用，还可用于糖尿病、白细胞减少、不孕症、肝炎、肾炎、关节炎和脑动脉硬化的辅助治疗，并能减轻癌症患者放疗或化疗的副作用。新鲜的蜂王浆外用可以滋润和营养皮肤。

（3）蜂花粉，“微型营养库”“浓缩的维生素”

蜂花粉被誉为“微型营养库”“浓缩的维生素”，含有多种生物活性物质如活化酶、黄酮类化合物、激素、免疫蛋白和钙调蛋白等，对机体可进行双向调节，增强机体应激能力，从而起到健身祛病和抗衰老的作用。蜂花粉还对前列腺功能紊乱、肠炎、便秘、出血性十二指肠溃疡、萎缩性胃炎、肝炎、脑溢血、高血压、静脉曲张、高脂血症等疾病均有一定辅助调理作用。经常服用蜂花粉或外用含蜂花粉成分的化妆品，有利于护肤和美容，能促使粉刺、雀斑、痣、老年斑和皮肤小皱纹的消退。

（4）蜂胶，广谱抗菌剂

蜂胶具有抑菌、消炎、止痛、止痒、活血化瘀、促进局部组织再生及软化角质等作用。蜂胶是一种广谱抗菌剂，能抑制霉菌生长，对流感病毒和疱疹病毒有灭活作用，对胃及十二指肠溃疡、慢性胃肠炎、高脂血症有一定缓解作用。蜂胶外用，可辅助治疗皮肤癣、创伤、灼伤、冻疮、皮炎等多种皮肤病。蜂胶用于五官科，可缓解牙周炎、牙槽炎、口腔糜烂和溃疡、鼻炎、中耳炎、咽炎及听力迟钝等。

（5）蜂产品，理想的营养添加剂

由于蜂产品中含有大量的天然功效成分，它们必将得到更为广泛的开发利用，如纯天然营养食品的开发将是今后蜂产品加工的一个重要方向。当前我国正在提倡大力开发强化食品。所谓强化食品，是指向普通食品中添加各种营养素，使营养成分在普通食品中得到增强的一类普通营养食品，而蜂产品恰恰是强化食品中一个最理想的营养添加剂。该类产品的特点是，它既具有普通食品的美味，又有十分丰富的纯天然营养成分；它既有普通食品的低价位，又有十分明显的营养功效。

总之，蜂产品个个都是宝，是人类健康的好伴侣！

（二）蜂蜜，最直接、最有效的能量来源

1. 蜂蜜是这样酿成的

蜂蜜（Honey）既不是蜜蜂的排泄物，也不是蜜蜂的口水，而是由蜜蜂采集蜜源植物的花蜜或蜜露后，将其贮存于蜂巢内的巢脾中，并经过充分酿造而成的天然甜物质，是植物的精华。

蜜蜂采集枣花蜜（赵亚周/摄）

根据蜜蜂采集对象的不同，蜂蜜的来源主要分为花蜜、甘露和蜜露等。花蜜是蜂蜜的主要来源，由花的蜜腺分泌。甘露是槿麻、橡胶和棉花的叶柄、叶基和叶脉的蜜腺分泌的甜蜜，以及马尾松叶、大麦麦穗、板栗嫩芽（或叶）等分泌的糖汁。蜜露是蚜虫及介壳虫等从肛门排出的含糖液体，用以招引蜜蜂、蚂蚁等昆虫，对于蜜蜂来说，其在艰难困苦的时刻，蚜虫制造的甜蜜会成为其度过饥荒的食粮。

我国一般以蜜源植物的名称加（蜂）蜜来命名蜂蜜，如蜜蜂采集刺槐花蜜酿造的蜂蜜就叫刺槐（蜂）蜜，类似的还有枣花（蜂）蜜、荆条（蜂）蜜等。如果蜜蜂采集两种或以上花蜜酿造的蜂蜜，则称为百花

（蜂）蜜或杂花（蜂）蜜。由于蜜蜂采集具有专一性，飞行范围也不超过3千米，加之各种植物的开花期不一致，所以蜜蜂比较容易采集到单花种的花蜜。

蜜蜂采集荆条蜜（赵亚周/摄）

2. 蜂蜜的营养

水、蛋白质、核苷酸、糖、脂肪、维生素和矿物元素（包括常量元素和微量元素）是人体的主要组成物质和营养成分，这些物质在蜂蜜中全部能找到，只是各种物质的含量和种类不同而已。

蜂蜜最主要的成分是糖类，它占蜂蜜总量的3/4以上，其中有单糖、双糖、寡糖和多糖。单糖中葡萄糖和果糖约占蜂蜜总糖量的85% ～ 95%，它们可以直接被消化道吸收进入血液或组织液，然后运送到相应的器官或组织以作为生命活动的主要能量来源，也可以通过体内相应的生化反应转化为脂肪酸和相应的氨基酸等满足生理上的需要。

因此，蜂蜜是消化功能欠佳的儿童、老年人及体弱多病者的最佳食品，也是运动员、重体力劳动者和高强度脑力劳动者最直接、最有效的能量来源。

（1）蛋白质

蜂蜜中的蛋白质含量因蜜源不同而有一定的差异，其含量范围在0.29% ～ 1.69%，平均为0.57%。一般说来，龙眼蜂蜜、荔枝蜂蜜、紫云英蜂蜜、荆条蜂蜜、油菜蜂蜜等中的蛋白质含量较高，可达1% ～ 2%。

另外，同一蜜源的蜂蜜，因产地和气候、环境等条件不同，其中的蛋白质含量存在着一定的差异。例如，福建的龙眼蜜中蛋白质含量为2.57%，广东的龙眼蜜中蛋白质含量为1.69%，海南龙眼蜜中蛋白质的含量只有0.80%。

蜂蜜中的蛋白质主要以各种酶类的形式存在，如淀粉酶、转换酶、磷酸酶和葡萄糖氧化酶等。

龙眼蜂蜜（赵亚周/摄）

（2）脂肪

蜂蜜中脂肪类物质含量极少，但却含有一定数量的脂肪酸和氨基酸。正是由于这些酸类物质的存在而使蜂蜜呈现出酸性，pH为3.2～4.5，并使蜂蜜具有特殊的香味和一定的抗菌作用。在不同蜜源的蜂蜜中，这些酸类物质的含量不同。

（3）维生素

蜂蜜中含有一定数量的维生素，主要以B族维生素为主，还有少量的维生素C、维生素D和维生素K等，这些维生素的含量随蜂蜜中花粉含量的多少而有所不同。

（4）矿物元素

蜂蜜中的矿物元素（包括常量元素和微量元素）的含量一般为0.04%～0.06%，一般情况下，深色蜂蜜中矿物元素的含量较浅色蜂蜜多。蜂蜜中的矿物元素虽少，但它们在机体的生命活动中却有着十分重要的作用，有的矿物元素是某些酶的活性中心。比如，铁离子是血红蛋白活性中心的重要组成部分，一旦食物中铁的供应量不足或人体不能有效地利用食物中的铁离子时，将会发生各种贫血病变。

（5）营养成分的功效

从成分组成可以看出，蜂蜜是一种营养丰富、组成复杂的天然食品。作为食品，蜂蜜除为机体提供各种营养元素以满足正常的需求外，还可以增进人的食欲、改善肠胃功能、促进消化吸收、镇静安神、提高机体的免疫调节能力、促进儿童的生长发育等。

蜂蜜是作为一个整体的形式发挥作用的，它对机体的作用不是单个组分各自功能的叠加。所以，迄今为止任何人造蜂蜜都无法取代天然蜂蜜。

蜂蜜中含有丰富的营养物质，能有效地促进创伤组织的再生。蜂蜜对于各种延迟愈合的溃疡都有加速肉芽组织生长的作用，对烧伤、烫伤的组织有促进和加速伤口愈合的作用。

蜂蜜中的葡萄糖、维生素以及镁、磷、钙等物质还能够调节神经系统、缓解神经紧张、促进睡眠。

（三）蜂王浆，延年益寿之珍

1. 养育幼蜂的蜜蜂“初乳”

蜂王浆（Royal jelly）是由青年工蜂舌腺和上颚腺分泌出来的专门饲喂蜂王和3日龄内小幼虫的黏稠浆状物质，又称蜂乳。蜂王浆作为一种混合物，包含多种蛋白质、氨基酸、脂肪酸、糖、维生素、乙酰胆碱、胰岛素等有机成分和无机成分。其中蛋白质是蜂王浆中含量最丰富的有机成分，占蜂王浆总量的11% ～ 14.5%。

蜂群在油菜花期生产蜂王浆（赵亚周/摄）

蜂王浆为黏稠的浆状物，多成朵块状，有光泽感。长时间冷冻保存，解冻后其表面有少量水分析出。蜂王浆的颜色以乳白色为主，个别的呈淡黄色或微红色，这与蜂王浆生产时的主要开花蜜粉源植物和生产蜂种有关。蜂王浆的气味与酚或酸相似，具有辛香气。其味道复杂，酸、涩、辣、甜四味俱全，以酸、辣为主，稍有甜味和涩味，具有强烈的刺激感。

工蜂分泌蜂王浆（赵亚周/摄）

每当蜂群中需要培育蜂王时，工蜂就在巢脾的适宜部位筑造王台，蜂王在王台中产下受精卵，当这些卵孵化后，专门司哺育职责的工蜂便向王台中的幼虫分泌蜂王浆。王台中的蜂王浆数量会随着幼虫的虫龄增长而增多，一般以3日龄左右幼虫的王台中蜂王浆数量最多。

人们正是利用这一特性，人为地制造培育蜂王的环境，组织专门的蜂群，筑造人工王台基础，培育适龄的哺育蜂。人们将受精卵移入王台中，迫使适龄哺育蜂分泌蜂王浆对孵化的幼虫进行饲喂，但又不让其化蛹变为成虫。当王台中幼虫虫龄在48 ～ 72小时时，取出带幼虫的王台并捡出幼虫，收取里面的蜂王浆。在蜜粉源条件充沛的正常年景，一个正常蜂群一年能生产500 ～ 1000克蜂王浆。

在有关俄国亚历山大大帝的历史记载和意大利马可波罗的游记里，都有蜂王浆应用的描述，在《圣经》《古兰经》和《犹太教法典》里也有相关记载，德国、澳大利亚、英国、古埃及的历史上存在多个民间应用蜂王浆防治疾病的传说。

我国对蜂王浆的认识和应用历史也同样悠久。晋代葛洪撰写的《神仙传》中，就有关于蜂王浆能够使人精力充沛、延长生命的记载。湖南长沙马王堆汉墓中出土的竹简上也提到蜂王浆是强身延年之珍宝。

目前，我国年产蜂王浆约4000吨，超过世界总产量的90%，出口近2000吨。虽然我国是蜂王浆生产大国、出口大国，但却不是消费大国，我国每年蜂王浆的内销总量仅为1000多吨，只能供给100多万人正常服用，仅占适宜人群的千分之一。

2. 蜂王浆的营养

从1952年首次对蜂王浆的化学组成进行分析以来，人们发现蜂王浆是一种十分复杂的天然产品，它含有生物生长发育所需要的全部营养成分。新鲜蜂王浆含有62.5%～70%的水分，11%～14.5%的蛋白质，8.3%～15%的糖，6%的脂肪酸，0.82%～1.5%的微量元素。此外，还有一定量的未知物质。蜂王浆中含有人体所必需的各种氨基酸和丰富的维生素，以及无机盐、有机盐、酶、激素等多种活性物质。

（1）蛋白质

蜂王浆中的蛋白质含量相当高（占干物质含量的36%～55%），其中2/3是清蛋白，1/3是球蛋白，其含量与人血液中的清蛋白、球蛋白比例相同。蜂王浆中的球蛋白是一种γ球蛋白的混合物，具有延缓衰老、抗菌、抗病毒的作用。

（2）氨基酸

蜂王浆中的氨基酸无论是含量还是种类，都是令人瞩目的一大类有较高活性的成分。根据日本学者松香光夫的测定，蜂王浆中的游离氨基酸含量占蜂王浆干物质的0.8%，其中脯氨酸含量最高，占总氨基酸的60%以上，其次为赖氨酸，占20%，精氨酸、组氨酸、酪氨酸、丝氨酸、胱氨酸含量也较高。

（3）维生素

蜂王浆中含有丰富的维生素，以B族维生素含量最多。据日本松香光夫的研究表明，蜂王浆中的维生素不仅种类比牛奶多，而且含量也高出牛奶数十倍。

（4）其他物质

蜂王浆中含有多种有机酸，从而使蜂王浆呈酸性，这样的酸性环境使蜂王浆中的活性物质保持稳定，同时对细菌起到一定的抑制作用。此外，蜂王浆中还含有多种激素、酶类、磷酸化合物、无机盐和糖类等物质。

新鲜蜂王浆（赵亚周/摄）

（5）营养成分的功效

现在举世公认蜂王浆对人类而言是一种纯天然的高级营养滋补品，连续食用蜂王浆可以明显地改善睡眠、增进食欲、增强机体的新陈代谢和造血机能、提高机体的免疫调节能力。作为扶正强壮剂，它能延缓人体的衰老进程，对多种疾病，特别是癌症和老年性、慢性疾病具有良好的预防和辅助治疗功效。

蜂王浆味甘、酸，性平，主要功能是养胃、健脾、益肝，可用于老年体弱、病后虚衰、食欲不振、小儿营养不良、精神萎靡不振及慢性疲劳综合征，也用于神经衰弱、慢性肝炎、胃溃疡病、高血压病、动脉硬化、高血脂症、糖尿病、心血管机能不全和风湿病等的辅助治疗。病后体弱者服用蜂王浆会缩短恢复期，并能预防旧病复发。

（6）蜂王浆产品开发的前世今生

1957年以前，我国是不生产蜂王浆的。自1956年外国专家将蜂王浆的生产技术介绍到我国之后，经中国农业科学院蜜蜂研究所的科技工作者和养蜂行业无数技术人员的探索和创新，我们逐渐掌握了蜂王浆生产技术并积累了丰富的生产经验，创造和总结出了一系列先进的蜂王浆生产技术措施，选育出多个蜂王浆高产的蜜蜂品种，创制了整套适合我国条件的生产工具，使我国生产蜂王浆的技术处于世界领先的地位。现在单个蜂群的年产浆量最高可达到7～8千克，全国平均每群蜂（西方蜜蜂）的年产浆量接近1千克。

20世纪80年代以前，我国生产的蜂王浆除少数供国内部分制药厂作原料外，大部分出口到日本和欧洲各国。随着经济的发展和人民生活水平的提高，我国养蜂界的科技工作者和众多的生产企业加大、加快了对蜂王浆的开发利用工作。先后创制出数以百计的蜂王浆制品，并在国际上获得了同行们的赞誉，使我国蜂王浆的开发及利用走在了世界前列，为提高我国人民的身体素质做出了重要贡献。20年前对我国广大消费者来说，蜂王浆是一种珍稀高档的消费品或药品。在21世纪的今天，对于我国大中城市的一般消费者来说，蜂王浆则成了家喻户晓、人见人爱的健康食品。

总之，蜂王浆是大自然赐予人类的天然美食，人们要想开发和利用蜂王浆，首先就必须保持它的天然属性，只有做好了这一环节才能充分发挥它的天然功效。所以，谈及蜂王浆的开发利用时，我们首先应该做好蜂王浆的保鲜和贮存工作，以保证原料的纯天然性。在这方面，我国的科技工作者和广大的养蜂员也做了大量卓有成效的工作。

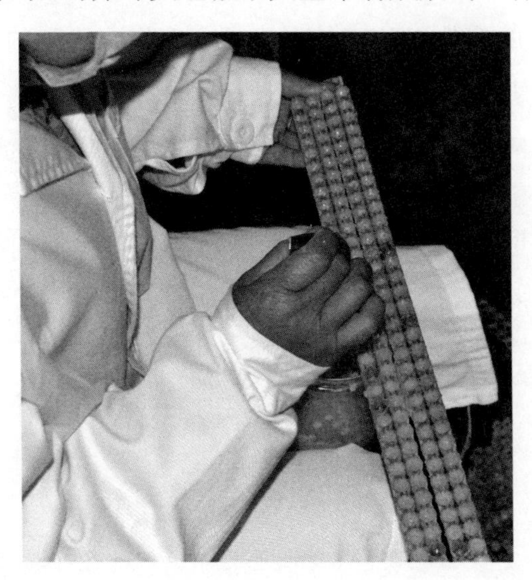

人工生产蜂王浆（赵亚周/摄）

（四）蜂胶，优秀的抗菌剂

1. 蜂群的守护者

蜂胶（Propolis）是蜜蜂从植物芽孢或渗出物中采集的树脂（或称树胶），并在蜜蜂体内酶的作用下进行转变，再混入其上颚腺和蜡腺的分泌物而形成的一种具有芳香气味的胶状固体物。蜂胶的颜色从绿色、红色到咖啡色，具有特殊的气味和黏稠特性。蜜蜂主要是利用蜂胶粘牢蜂巢或者堵塞缝隙以防范外来入侵者，并用其将蜂箱的内壁涂抹光滑，同时覆盖外来入侵者的尸体以防止其在蜂巢内腐烂。蜂胶的抗菌特性还能使蜂群免受多种病害的侵袭等。

采集蜂胶的工蜂（胡浩/摄）

早在公元前300年，蜂胶就被人们当作药物加以利用，具有广谱的杀菌、抗氧化、免疫调节和消炎镇痛等作用。目前，蜂胶直接被加工食用，或者作为功能食品的一种原料成分。

现代研究表明，蜂胶所具有的多种功效源自其中的多酚类化合物——黄酮及其衍生物，其化学组分具有清除自由基、提高免疫力、促进血液循环、改善组织代谢等作用。另外，不同蜂胶样品中黄酮类物质种类和含量不尽相同，主要取决于蜂胶产地的植物生态状况及其提取和纯化方式等。天然的蜂胶具有一种令人身心愉悦的独特香味，这种香味主要来自蜂胶中的萜烯类物质，具有镇静、安神的效果。此外，蜂胶的特殊香味还具有杀菌和清洁空气的作用。蜂胶在燃烧或加热时会散发出乳香气味，一般这种乳香味越浓烈，其质量越好。

蜂胶的类型多以该地区某个季节主要胶源植物的名字区分，如杨树型、桦树型、桦树杨树混合型等。有时也因胶源植物分布的地区而划分类型，如欧洲产的蜂胶多来自杨树，从中分离的黄酮类化合物与杨树腋芽树脂内含物一致，称杨树型蜂胶，此型蜂胶以含有白杨素、杨芽黄素、高良姜素、良姜素和乔松素等为特征。我国常见的胶源植物主要有杨柳科、松科、桦树科、柏科和槭树科中的多种树种，以及桃树、李树、杏树、栗树、橡胶树、桉树和向日葵等。

蜜蜂采集胶原植物（赵亚周/摄）

同蜂群内的其他产品一样，人们很早就对蜂胶的形成过程和作用发生了兴趣。最初有人认为它是蜜蜂吃了花粉之后分泌出来的物质。公元1世纪，古罗马的G·普罗林在《自然史》中明确指出："蜂胶是蜜蜂采集的杨、柳、栗树和其他植物幼芽分泌的树脂。"

随着对蜂胶认识的加深，人们逐步将其用于缓解口腔、肠胃系统等部位的病痛。在西欧、北非和西南亚地区的民间医药中，蜂胶也占有一席之地。在古埃及，人们还将蜂胶用作木乃伊的防腐剂，一些民间工匠也把蜂胶用作木质家具和某些乐器的黏合剂。据说古代意大利的工匠用蜂胶做黏合剂制作的小提琴，其音质圆润优美，深受乐师们的青睐。

蜂胶原料（赵亚周/摄）

随着养蜂技术的发展和科学研究手段的进步，人们对蜂胶的研究在不断地深入，其应用范围也在不断地扩展，以至于在20世纪中后期，世界范围内几度出现了世界性的研究和应用蜂胶的热潮。有人把蜂胶说成是“大自然赋予人类的天然抗菌物质”，是珍贵的“紫色黄金”。

2. 紫色黄金

蜂胶的成分比较复杂，由500多种天然成分组成，其中既有胶源植物，又有蜜蜂腺体分泌物，集动植物精华于一身。蜂胶中含有黄酮类物质、萜烯类物质、芳香酸与芳香酸酯、醛与酮类化合物、脂肪酸与脂肪酸酯、糖类化合物、烃类化合物、醇类、酚类和其他化合物，还有多种维生素和微量元素等，以及大量的氨基酸、酶类等。蜂胶是动植物药用成分的高度浓缩物，所含的药用成分多、浓度高。基于此，蜂胶具有了多种药理作用，因此引起了国内外众多学者的关注和重视，并成功地在临床上应用于多种疾病的防治，被誉为“天然药物”。

蜂胶对机体免疫系统具有广泛的作用，既具有增强体液免疫功能，又具有促进细胞免疫功能，并对胸腺、脾脏、骨髓、淋巴结等产生有益的影响。蜂胶还能促进机体对外来病原物产生抗体，且可以增强巨噬细胞的吞噬能力和自然杀伤细胞活性，提高机体的特异性和非特异性免疫功能，因而蜂胶被称为天然免疫功能促进剂。

基于蜂胶的抗氧化、稳定和清除体内过剩自由基的作用，蜂胶可以有效抑制脂质过氧化进程，防止脂质过氧化物沉积于血管内壁，净化血液，使血流畅通。蜂胶中的多酚类化合物具有分解、中和、清除动脉粥样斑块作用，所以蜂胶被誉为“微循环的保护神”。

蜂胶还可以提高三磷酸腺苷（ATP）合成酶的活性，使细胞合成更多的ATP。细胞内产生的ATP在代谢过程中会释放出人体赖以生存的能量。机体能量充裕，代谢顺畅，快速分解和清除代谢废物，能使人及时恢复体力，精力旺盛。研究证实，蜂胶能稳定和清除体内过剩自由基，促进体内氧化磷酸化过程，保护细胞膜，保护细胞器线粒体DNA，优化细胞氧化代谢功能，提高机体能量转化效率。

蜂胶是蜜蜂用于维持整个群体健康的有效物质，一个有5万～6万只蜜蜂的蜂群每年只能生产蜂胶70～110克，被誉为“紫色黄金”。蜂胶是由西方蜜蜂采集而来的，每年我国生产蜂胶约350吨，其中一半用来出口，一半在国内消费。在国内，天然蜂胶及蜂胶提取物既可外用，也可以内服。大多数情况下，我们需要将天然蜂胶及其提取物加工成便于携带和食用的剂型。此外，用蜂胶制造的唇膏、润喉糖和漱口水，香味适口，可去口臭和防皲裂，能防治口腔、咽喉炎症和口腔溃疡，刺激唾液分泌，改善口腔卫生条件。

1996年至2018年1月，经原卫生部和国家食品药品监督管理局批准的蜂胶类保健食品1328件，其功效统计共有17项：①免疫调节（增强免疫力）；②调节血糖（辅助降血糖）；③调节血脂（辅助降血脂）；④抗疲劳（缓解体力疲劳）；⑤抗氧化；⑥抑制肿瘤（辅助抑制肿瘤）；⑦改善胃肠道功能；⑧润肠通便；⑨延缓衰老；⑩抗突变；⑪对辐射危害有辅助保护功能；⑫清咽润喉；⑬改善睡眠；⑭对化学性肝损伤有辅助保护作用；⑮祛黄褐斑；⑯减肥；⑰美容。

蜂胶软胶囊（赵亚周/摄）

（五）蜂花粉，美容健康佳品

1. 来自花朵的馈赠

蜂花粉（Bee pollen）是蜜蜂从被子植物雄蕊花药和裸子植物小孢子叶上的小孢子囊内采集的花粉粒，并经其加工后形成的花粉团状物。花粉是高等植物的雄性生殖器官——雄蕊花药中产生的生殖细胞，其个体称为花粉粒。当花粉粒成熟时，花药裂开，散出花粉。蜜蜂飞向盛开的花朵，拥抱花蕊，在花丛中跌打滚爬，用全身的绒毛沾附花粉，然后飞起来用后足将花粉粒收集起来并堆积在后足花粉篮中，形成球状物携带回巢。蜜蜂通过巢门处人工设置的花粉截留器时，后足的两大花粉球便被截留下来，这就是蜂花粉。

蜂花粉是植物生命的源泉，是天然维生素和矿物质的宝库，而且高度浓缩，具有较高的营养价值。蜂花粉常被作为滋补身体的强壮剂、脑力劳动者的健脑剂、可以食用的美容剂和多种疾病的调理剂而风靡全球，是备受营养界、医学界、美容界推崇的天然珍品。

蜜蜂采集蜂花粉（赵亚周/摄）

我国地域辽阔，纵跨热带和温带两个气候带，蕴藏着丰富的蜜粉资源。有些植物既能分泌花蜜又能散发花粉，称为蜜源植物。而有些植物的花中无蜜腺，不能分泌花蜜，但雄蕊花药里花粉丰富，可散发大量花粉，称为粉源植物。事实上，蜂花粉就是来自蜜源植物和专门的粉源植物。由于我国蜜粉源植物丰富，蜜蜂采集的花粉除能满足自身繁衍需要外，还能有剩余，这为人类生产蜂花粉提供了可能。蜜蜂采集花粉时，需要寻访无数朵鲜花，而且多种种类的花朵会同时开放，所以蜜蜂也很难采集到纯度很高的单一花粉。我们通常所见的蜂花粉多数是以某一种花粉为主的混合花粉，有的也称为杂花粉。

现代研究证明，不同种类的蜂花粉，其形态、成分和功效是不相同的，还有极少数蜂花粉对人体有毒害作用，应注意识别。从目前市场上来看，我国大部分商品蜂花粉主要来自以下的蜜粉源植物，如油菜、向日葵、玉米、茶树、荞麦等。由于蜜蜂对蜜源植物的采访具有专一性，在上述植物开花时，可以得到纯度相对较高的花粉团，因而我们可以根据不同季节对应的不同植物的开花期，或者依据花粉团的颜色和形状进行分类和命名，如油菜蜂花粉、茶树蜂花粉、玉米蜂花粉等。

不同种类的蜂花粉（赵亚周/摄）

2. 微型营养库

我国每年生产蜂花粉约1万吨，其中油菜蜂花粉650吨，基本用于制药。茶花、五味子、荷花等蜂花粉被直接用来食用，其他则作为蜜蜂饲料消耗掉或者出口。蜂花粉的食用历史悠久，在我国《神农本草经》、孙思邈的《千金要方》和李时珍的《本草纲目》中均有记载。在国外，古埃及人将蜂花粉称为“赋予生命的粉末”，阿拉伯人和犹太人编著的医书中也记载了蜂花粉的医用方法。第二次世界大战后，蜂花粉被广泛用于食品、药品和化妆品等。

蜂花粉的成分很复杂，含有丰富的对人体有用的功效成分。不但含有人体必需的蛋白质、脂类、碳水化合物、各种维生素和微量元素，还含有对人体生理机能有特殊功效的黄酮类、核酸、天然植物素、性激素和促性腺激素等多种生物活性物质。正因如此，蜂花粉被誉为“微型营养库”。

蛋白质和游离氨基酸是蜂花粉的主要成分之一，蜂花粉的食用价值与其蛋白质含量有直接联系。蜂花粉中蛋白质含量丰富，但根据植物源和采集方法的不同，其蛋白质含量也不相同，一般为7% ～ 40%，主要包括白蛋白、球蛋白、谷蛋白、醇溶蛋白和酶类在内的其他蛋白质。蛋白质、多肽和氨基酸具有抗菌、抗氧化、抗血栓形成和抗炎活性，具有调节机体功能以及为机体提供营养的双重功效。

脂质是蜂花粉的另一主要成分，但根据所属植物的种类，蜂花粉中的脂质成分不尽相同，其含量为蜂花粉干重的1% ～ 20%，主要包括类胡萝卜素、甾醇和脂肪酸。摄入类胡萝卜素可降低不同类型癌症或心血管疾病的风险；植物甾醇可阻断人体肠道中的胆固醇吸收位点，并降低与低密度脂蛋白相关的血浆胆固醇水平，从而有助于降低人体内的胆固醇含量。此外，蜂花粉中的不饱和脂肪酸具有降低血浆胆固醇和甘油三酯的作用。

碳水化合物是蜂花粉中的主要能量物质之一，根据蜂花粉的品种以及加工和收集蜂花粉的条件不同，蜂花粉中碳水化合物的含量为15% ～ 60%，其中24% ～ 35%的碳水化合物易被人体器官吸收并利用。蜂花粉中94%的碳水化合物为单糖，主要为果糖和葡萄糖，其他为双糖、多糖等，同时还含有低聚糖和膳食纤维。

蜂花粉中维生素含量丰富，约为干重的0.02% ～ 0.7%。同其他活性物质一样，根据植物来源不同，蜂花粉中维生素的含量也不太一样。维生素可作为细胞、组织生长和分化的调节剂，并具有抗氧化活性，有一些还可作为辅酶因子的前体。

蜂花粉中含有丰富的矿物质元素，其中钙、镁、铁、锰、锌和硒等矿物元素含量远高于稻米、鸡蛋、苹果和牛奶等常见食品中的含量。这些矿物质元素的摄入可维持体内平衡，保护细胞，而缺乏矿物质元素则会引发特定的疾病。

蜂花粉中多酚类物质含量也较为丰富，主要为黄酮类化合物和酚酸类化合物。相比于酚酸类化合物，黄酮类物质含量较高。黄酮类物质在蜂花粉中有着重要的作用，既与蜂花粉呈现的颜色有关，也与蜂花粉的苦味有关。它们大部分以糖苷配基的形式存在，如糖的衍生物。由于花粉种类的不同，黄酮类物质的含量也存在差异，每100克蜂花粉中含量约为530 ～ 8243毫克。

蜂花粉是最佳的天然美容剂，其在美容方面的重要作用已经被人们所公认。我们常见的美容用品和化妆品一般只能外用，而蜂花粉既能内服又能外用。内服蜂花粉可促进皮肤细胞新陈代谢、改善皮肤的营养状态、延缓皮肤的衰老、消除皱纹、防止皮肤干燥脱屑、增强皮肤弹性等，外用蜂花粉则能使肌肤柔嫩、细腻、洁白、鲜润，并可消除各种褐斑。蜂花粉中因富含多种营养成分，是很好的美容营养保健品。

作为大自然赐给人类的神奇食品，蜂花粉已被世界各国广为研究、开发和利用。天然蜂花粉营养全面，能克服人体新陈代谢中出现的各种生理失调，从而增强机体免疫力，强身健体。随着人们生活水平的提高、科学技术的发展及市场的需求，国内外许多医学家、营养学家对蜂花粉的药理药效进行了深入研究。现代临床医学研究结果表明，蜂花粉对人体心血管、前列腺、消化系统、神经系统、内分泌系统的诸多疾病具有很好的辅助治疗效果。

蜂花粉辅助治疗心血管疾病（赵亚周/摄）

Part 2

蜂产品的品种、辨优与贮存

（一）蜂蜜

1. 夸蜂蜜——天然食品人人爱

蜂蜜是蜜蜂的主要产品之一，也是人们养殖蜜蜂获取收益的重要来源。蜂蜜是蜜蜂通过采集植物的花蜜或者分泌物，经充分酿造而形成的甜物质。经对蜂蜜进行检测，发现其中含有的物质种类多达180种，这还不包括尚未检测出来的物质种类，这些物质中除了主要的葡萄糖和果糖之外，还有氨基酸、蛋白质、维生素、矿物质等多种营养成分。中医认为，蜂蜜具有补脾胃、润肠、润肺、解毒和防腐等功效。《本草纲目》中列举的可使用蜂蜜的药方达20多处，可见蜂蜜的用途十分广泛。

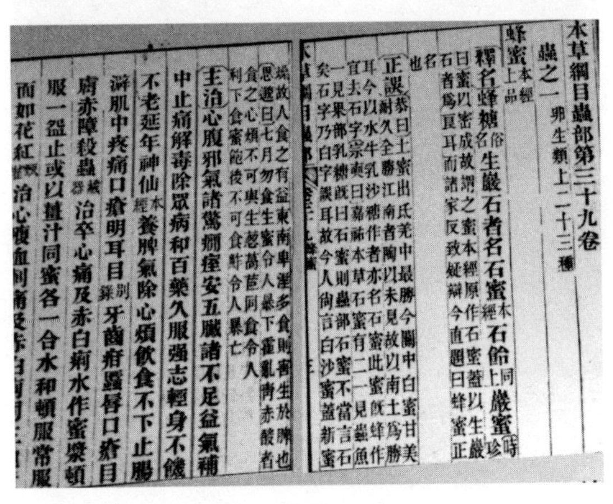
本草綱目蟲部第三十九卷
蟲之一 卵生類上二十三種
蜂蜜 本經上品
釋名 蜂糖俗名 生巖石者名石蜜本經 石飴同上 巖蜜時珍
主治 心腹邪氣諸驚癇痓安五臟諸不足益氣補
中止痛解毒除衆病和百藥久服強志輕身不饑
不老延年神仙本經 養脾氣除心煩飲食不下止腸
澼肌中疼痛口瘡明耳目別錄 牙齒疳䘌脣口瘡目
膚赤障殺蟲藏器 治卒心痛及赤白痢水作蜜漿頓
服一盌止或以薑汁同蜜各一合水和頓服常服
面如花紅甄權 治心腹血刺痛及

《本草纲目》中有关蜂蜜的药方（赵亚周/摄）

蜂蜜中含有淀粉酶、蔗糖转化酶、葡萄糖氧化酶、过氧化氢酶、溶菌酶、磷酸酶、脂酶等多种生物酶，这些酶主要来源于蜜蜂的唾液，属动物来源性生物酶。淀粉酶和蔗糖转化酶是蜂蜜中的主要生物酶，也是蜂蜜中的主要活性物质。蜂蜜中淀粉酶活性可衡量蜂蜜的成熟度、新鲜程度、掺假程度及加工储存条件优劣，是蜂蜜的重要质量指标。蜂蜜中蔗糖转化酶活性同样可衡量蜂蜜的成熟度、新鲜程度、掺假程度及加工储存条件的优劣，作为评定蜂蜜质量的重要指标，其精确度比淀粉酶活性和羟甲基糠醛含量指标更高。

蜂蜜是公认的具有多种生物活性的天然食品，在医疗上得到广泛应用，尤其是在预防和辅助治疗创伤、烧伤、白内障等眼科疾病、溃疡等肠胃疾病方面取得了较好的效果。以往人们认为蜂蜜之所以能够对上述疾病有一定的"治疗"效果，主要归因于蜂蜜的抑菌性质。近年来，随着对蜂蜜研究的不断深入，发现蜂蜜中存在大量的酚类化合物。例如产自西班牙的向日葵蜂蜜中含有莰菲醇、槲皮素、柑橘黄素和生松素等，产自新西兰的蜂蜜中也检出了大量的酚类化合物。这些化合物不仅具有很强的抗氧化活性，而且具有抑菌活性。由于蜜源植物种类众多，不同蜂蜜的化学组成不同，其抗氧化能力也存在差异。

西班牙的向日葵蜂蜜（赵亚周/摄）

2.常规加工——保持原汁原味

一般来说，成熟蜂蜜的浓度较高，具有较强的抗菌性，不易变质，符合食品卫生要求，可直接食用。但有时我们得到的蜂蜜水分偏高或混有杂质，为了防止发酵或结晶，我们需要对蜂蜜进行加工，以达到商品要求。蜂蜜的初加工一般包括加热、消除结晶、过滤去杂、浓缩除去多余水分等过程，特殊品种蜂蜜还要进行脱色脱味、促结晶等。

在我国，人们出于销售的目的，通常对蜂蜜进行加工处理，而加工对蜂蜜的质量或多或少会带来一定的影响。所以，加工时应严加注意，力争把不良影响控制在最低限度。不适当的加工对蜂蜜质量的影响主要有以下几个方面：活性物质含量降低、抗菌能力降低、维生素损失、蜂蜜的色香味改变、增加遭受金属污染的可能性。

蜂蜜加工设备（赵亚周/摄）

3.选购——识别真伪优劣

不同种类的蜂蜜含有的营养成分大致相同，但其口味和营养价值略有不同。一般颜色浅的蜜，味道也清香，口味淡的人可选购这类蜂蜜，如洋槐蜂蜜、芝麻蜂蜜和棉花蜂蜜。口味浓者可选购枣花蜂蜜、椴树蜂蜜和紫穗槐蜂蜜等。荞麦蜂蜜的口感不好，但是它具有止咳化痰的功效。因此，购买哪一种蜂蜜，也应该由消费者根据个人的爱好和需求来决定。但对于同一种蜂蜜，由于来源、加工不同，质量会有差异，在选购蜂蜜时可以参照下面方法。

（1）看外观

俗话说“好蜜光如油。”蜂蜜色泽柔和，光亮透明，晃动蜜瓶时颤动很小，停止晃动后，挂在瓶壁的蜜液会缓缓流下，这样的是好蜂蜜。反之，颜色差、暗淡浑浊、黏度较差、香气不浓的蜂蜜质量不好。

蜂蜜的外观品相（赵亚周/摄）

（2）识包装

选购瓶装的蜂蜜时，消费者最好在正规的经销处购买经质量检验合格的产品。瓶装蜂蜜无法通过看、尝等手段辨别其质量优劣，购买时应注意产品的包装。包装商的标签至少应包括产品名称、净含量、产品标准号、生产日期、保质期，以及生产商或经销商的名称和地址等信息。

（3）看价格

在国内，色泽浅、气味清香的蜂蜜，如荔枝、龙眼、野桂花、柑橘、洋槐等品种的蜂蜜容易被消费者接受，价格也会高一些。而色泽较深、香气浓重的蜂蜜，如桉树、乌桕、荞麦、油菜等品种的蜂蜜，只有少数人喜欢，价格较低。这些都是正常的，但如果价格过低，就要警惕质量问题，如果价格明显低于蜂蜜的成本，就不合理了。

4. 贮存——保鲜，防发酵、防结晶

（1）要根据蜂蜜的品种和浓度控制好温度

北方水分含量低的优质蜂蜜，如枣花蜂蜜、椴树蜂蜜、荆条蜂蜜等，比较容易保存，不需要特殊条件，只需要保持贮存环境干燥、通风、清洁就可以。而不成熟的蜂蜜含水量高，容易发酵变质，不利于保存，甚至发酵会将装蜂蜜的容器胀裂，因此要低温保存，有条件的也可以冷藏。南方产的一些特殊品种的蜂蜜，如龙眼蜂蜜、荔枝蜂蜜、柑橘蜂蜜、野桂花蜂蜜等，含水量都比较高，也要低温保存。

（2）选择适宜的容器

存放蜂蜜的容器最好用玻璃或者陶瓷器皿，不要用金属容器，以防蜂蜜中的酸类成分腐蚀容器，造成污染。存放蜂蜜的容器一定要清洗干净，并且保持干燥。

（3）冷冻可以防止结晶

通常来讲，蜂蜜常温保存即可，但是大多数蜂蜜都非常容易结晶，特别是在温度13℃左右的条件下更容易结晶。如果消费者不喜欢结晶蜂蜜，可以将蜂蜜放在冰箱的冷冻室里。由于蜂蜜的糖分非常高，水分含量很低，因此冷冻室中存放的蜂蜜不会真正冻结，而会比较长时间地保持液体状态。

（二）蜂王浆

1. 夸王浆——天然蛋白质的源泉

蜂王浆也称蜂皇浆、蜂乳，是5日龄工蜂头部的营养腺分泌的乳白色或淡黄色的浆状物。世界上90%以上的蜂王浆产自于中国，因此中国是蜂王浆的生产大国。蜂王浆一直被作为珍品，用量虽小，但强身作用迅速而显著。新鲜蜂王浆一般含有水、干物质和灰分，干物质中12.3%为蛋白质，5.4%为脂肪，12.5%为还原性物质，还有一些未知物质。蜂王浆中的营养成分包括以下几类：

① 蜂王浆中含有20多种氨基酸，含量较高的有赖氨酸、天冬氨酸、苏氨酸、亮氨酸、谷氨酸等。

② 蜂王浆中至少含有26种游离脂肪酸，最重要的一种也是天然状态下只存在于蜂王浆中的脂肪酸，俗称为王浆酸。王浆酸的含量是检验蜂王浆质量的重要指标之一，分离出来的纯体呈白色晶体状。

③ 蜂王浆中含有丰富的维生素，主要种类有维生素B_1、维生素E、烟酸、泛酸、维生素B_6、维生素B_{12}、维生素C、生物素、叶酸等，其中以维生素B_1含量较稳定。此外，蜂王浆还含有少量的矿物质。

④ 蜂王浆中含有一定量的激素，可以调节机体的生理功能和物质代谢，具体包括孕激素等，一般每克蜂王浆含几微克，含量极少。

⑤ 蜂王浆中含有胆碱、酸性磷酸酶、葡萄糖氧化酶、淀粉酶等，可发挥相应的调理作用。

一般情况下，蜂王浆的建议服用量较小，但是其作用却很显著。据分析，蜂王浆并不是某种单一成分起作用，而是作为整体激发人体活力，从而发挥作用。

人们很早就发现了蜂王浆的抗衰老作用。蜂王和工蜂是由同一种类型的受精卵孵化发育而来，所不同的是蜂王幼虫一生始终取食蜂王浆，而工蜂在幼虫期只有前三天取食蜂王浆，以后则吃蜂蜜和蜂花粉混合后的蜂粮。结果蜂王寿命最长可达9年，而工蜂只能活35天左右。对于蜂王浆抗衰老的作用机制，人们尚未完全研究清楚，但国内外有很多人长期服用蜂王浆，他们的精力旺盛、不易衰老，说明其对人同样具有抗衰老的作用。

防癌抗癌的大量实践证明，蜂王浆还具有一定的防癌抗癌作用，一般认为主要是其中的王浆酸在起作用。改善睡眠和促进肠胃功能也是蜂王浆的生物功效之一，多数人服用后均感觉睡眠好、吃饭香、精力充沛；并且，身体虚弱的人服用蜂王浆后，效果尤其明显。蜂王浆中含有类似乙酰胆碱的物质，可以改善血流量，使人体血压降低，还可用于血胆固醇和三酰甘油三酯异常的辅助治疗。有的医生用蜂王浆调理血管硬化、心律不齐、心跳过快和心动过缓，收效颇佳。长期服用蜂王浆的女性皮肤细腻而富有弹性，并且可改善更年期妇女的月经不调、睡眠障碍等。由于蜂王浆中含有胰岛素样物质，长期服用蜂王浆可降低人体血液中的血糖，减轻多种糖尿病并发症。

2. 常规加工——方便食用、优化口感

蜂王浆是一种天然食品，不必进行任何加工处理就可以直接食用，但要将其开发为商品，就要考虑它的商品形象和货柜价值，因此就要进行必要的分装和适当的加工处理。首先是过滤环节，蜂王浆在生产时难免会混入部分蜂蜡碎屑和极少量幼虫残体，如冷冻前没有过滤，在加工时应该用100目的筛网将混杂物过滤除去。接下来是分装环节，按商品的要求，可将新鲜蜂王浆分装成不同规格的商品出售，在商店中鲜王浆应存放在冰柜中。

（1）蜂王浆冻干粉

鲜蜂王浆在常温下不容易保存，作为商品食用起来也有诸多不便，

为了克服这一缺陷，可以将鲜蜂王浆加工成冻干粉，就可在密封避光的容器中较长时间存放，这样食用起来也就方便多了。

蜂王浆冻干粉（赵亚周/摄）

（2）蜂王浆胶囊

蜂王浆胶囊是我国生产较早的一个品种，按外壳可分为硬胶囊和软胶囊两种。硬胶囊填装的是固体物料，软胶囊既可填装固体物料，也可以填装非水溶性的液体物料。

蜂王浆胶囊（赵亚周/摄）

（3）蜂王浆片剂

可以将蜂王浆加工成各种规格的片剂，主要有两大类：一类是先分别将蜂王浆和各种辅料制成粉，然后按一定比例混合，压片而成。另一类是将辅料与鲜王浆混合直接制粒压片。前者蜂王浆的含量高，而后者中蜂王浆的相对含量较低。

蜂王浆片剂（赵亚周/摄）

（4）蜂王浆蜜

蜂王浆蜜的加工方法简单、成本低廉，在20世纪80年代，我国城乡家用电器使用不普遍的时期，这个剂型是我国国内市场上很受消费者欢迎的一个品种。这个加工方法将蜂王浆与蜂蜜两者的优点综合在一起，克服了蜂王浆不易保存和口感不好的缺点，可以根据市场的需要配置成各种浓度的蜂王浆蜜，常见的是1千克成品中含有40～50克蜂王浆。

蜂王浆蜜（赵亚周/摄）

（5）蜂王浆口服液

蜂王浆口服液是以新鲜蜂王浆辅以其他具有滋补营养作用的食品或

中草药的提取物加工而成，不仅能较好地保持蜂王浆的有效成分，提高了食用价值和商品价值，还弥补了蜂王浆的口感不好、不易在常温下储存、携带不方便等缺陷。蜂王浆口服液较好地保持了蜂王浆的有效成分，调整了产品的色、香、味，提高了食用价值和商品价值，适合老年人、儿童服用。

蜂王浆口服液（赵亚周/摄）

3. 选购——四招辨优劣

蜂王浆的感官鉴定，是基层的蜂王浆收购人员和广大消费者在日常工作和生活中较容易掌握的一种简便易行的蜂王浆质量判定方法。

（1）看

看包装是否清洁卫生，如果包装上长有毛霉，并伴有恶臭气味，说明蜂王浆在高温下存放时间长，且不卫生。看色泽是否正常，色泽是鉴定蜂王浆花种和新鲜度的重要依据。新鲜优质蜂王浆应为乳白色或淡黄色，而且整瓶颜色应均匀一致，有明显的光泽感。看形态有无被破坏，新鲜的蜂王浆是半透明的黏稠半流体，用小刮板等工具刮取的蜂王浆有明显的朵状，蜂王浆的朵是蜂王浆在台基形成的状态，朵状没有被破坏，证明是新鲜的蜂王浆。看稀稠度是否正常，鲜王浆的稀稠度要正常，特别稀的说明含水量过高，特别稠的说明浆质过老，都不符合质量标准。看有无气泡，新鲜蜂王浆应该无气泡。

（2）尝

品尝蜂王浆应用舌尖细细品味，新鲜优质的蜂王浆有酸、涩味。味感应先酸，后缓缓感到涩，还有一种辛辣味，后味长，回味稍甜。酸味和辣味越浓厚，则品质越优良。贮存时间长的蜂王浆酸味较重，辛辣感不强。伪蜂王浆气味平淡，后味短。不爽口的酸味是变质、掺假的表现。口感太甜，说明该王浆可能掺入了蜂蜜、蔗糖或葡萄糖。

（3）闻

新鲜蜂王浆有独特的浓郁香气，即略带花蜜香气和辛辣气，无腐败、发酵、发臭等异味。不过，由于蜜源植物的不同，也可能产生特殊的气味，如荞麦蜂王浆就有一种特殊的臭味。但如果发现有牛奶味、蜜味或已酸败的馊味等其他异味，则说明此蜂王浆质量有问题。

（4）捻

用玻璃棒搅动蜂王浆后，取少许用拇指和食指细细捻磨，新鲜蜂王浆的手感应该是细腻和黏滑的。如捻之粗糙，有沙粒的感觉，说明其中有玉米面、淀粉等杂质。

新鲜蜂王浆（赵亚周/摄）

4. 贮存——严格冷冻运输和保存

鲜蜂王浆营养十分丰富，含有许多对人体机能具有重要作用和影响的活性成分。因此，只有把它保存在环境适宜的条件下，才能确保其有效成分含量和质量不变，发挥出它特有的营养与调理作用，使人体健康，延年益寿。蜂王浆的具体保存方法如下。

（1）蜂王浆的贮存温度

鲜蜂王浆应在－18℃以下低温保存，保质期为24个月。只有采用低温冷冻保鲜措施，才能保证蜂王浆的质量，确保具有特殊功能的活性成分不丧失，从而发挥其应有的作用。

（2）蜂王浆盛装容器的选用

盛装蜂王浆的容器很有讲究，并非什么容器都可以，像铁、铝、铜等这些金属容器不可以用来盛装蜂王浆，这类容器易与蜂王浆发生化学反应，导致其变质。盛装蜂王浆也不宜选用透明容器，以暗棕色玻璃瓶或乳白色、无毒专用塑料瓶为宜。使用前，容器要洗净、消毒并晾干。

（3）家庭如何保存蜂王浆

消费者在购买新鲜蜂王浆后，应将其装入棕色瓶中密封保存，并放在家用冰箱的冷冻室中，温度保持在－18℃以下，可保存两年不变质。为了食用方便，可以用小塑料瓶进行分装，将1～2周用量的蜂王浆放在冰箱的冷藏室中，分次取用。

（三）蜂胶

1. 夸蜂胶——天然黄酮的复合体

人们认识蜂胶是从它在蜂群中的作用开始的。为了弄清楚蜂胶作用的机理和化学本质，科技工作者在不同的时代使用不同的技术手段对蜂胶的来源和化学物质进行了广泛而深入的研究，在这个过程中对各种组分、分离产物的生理功能和药理作用做了大量的动物实验和临床观察，可以说这是一个相互关联、互相促进、螺旋式一步一个台阶向着纵深方向不断延展的过程，在这个过程中人们对蜂胶的认识在不断深化。

研究发现，蜂胶具有抗菌作用，主要是因为其中含有黄酮类、芳香酸类及其酯类等化合物的缘故。高良姜素、松针素和乔松酮是已确认的对细菌杀灭作用最强的，黄酮、阿魏酸和咖啡酸也是蜂胶中的抗菌组分，所以，蜂胶的抗菌机理可能是黄酮、羧酸及其酯和萜类化合物协同作用的结果。有研究证明，蜂胶对金黄色葡萄球菌、变形杆菌、溶血性链球菌的作用要强于青霉素和四环素。

消炎作用是最早发现的蜂胶所具有的药理功能之一。炎症是机体在遭受外界伤害时的一种保护性反应，炎症的过程较为复杂，有多种代谢酶、炎症介质和细胞的参与，在炎症的发病过程中活性氧类物质的生成，局部血液循环和组织代谢紊乱，从而造成组织的损伤。在这个过程中，脂质氧化酶起着重要的作用。蜂胶的抗炎作用，正是由于它具有很强的抗氧化特性决定的。

蜂胶中的游离氨基酸对人体的免疫调节功能也有一定作用。如精氨酸可刺激免疫细胞的有丝分裂，促进蛋白质的生物合成，脯氨酸能促进胶原和弹性蛋白质的构建。蜂胶中的黄酮、萜烯类化合物等具有很强的消除自由基，防止或减缓各种有害的过氧化物对机体伤害的能力，从而保护了机体的安全和健康。蜂胶中含有许多不饱和的醇、醛、酮、黄酮和萜烯类的化合物，它们具有很强的抗氧化能力（即有很强的还原能力），正因如此，蜂胶的乙醇溶液能使高锰酸钾褪色，利用这一特性可以对蜂胶原料的品质进行质量检测。

蜂胶能抗氧化（赵亚周/摄）

2. 常规加工——更方便食用

天然蜂胶及蜂胶提取物在正常情况下既可外用，也可以内服。作为美容剂、化妆品和工艺品的搭配原料，则要和其他的配料一起经过适当的工艺进行加工处理。大多数情况下，需要将天然蜂胶及其提取物加工成便于携带和食用的剂型，目前国内外的蜂胶制品可谓是琳琅满目，包括片剂、酊剂、口服液、胶囊剂、牙膏、面膜、软膏、口香糖、蜂胶药皂等。

（1）蜂胶片

蜂胶因为具有黏性随温度变化的特性，在10℃以下时是黏性很小的固体团块或碎屑，随着温度的升高而黏性增加，到60℃以上时就融化成黏稠状的液态。因此，目前大多数蜂胶片都是以蜂胶原料的乙醇提取物做主料，配料则多种多样，可以用花粉、淀粉或玉米粉等。

（2）蜂胶胶囊

一般使用蜂胶的乙醇提取物来制作胶囊剂，既可做成硬胶囊也可以做成软胶囊，只是辅料、配方和工艺稍有不同而已，其配方可自己按需要设计。

蜂胶胶囊（赵亚周/摄）

（3）蜂胶气雾剂

气雾剂就是将蜂胶配制成一定浓度的溶液，分装在能使液体形成气雾状喷出物的容器中而得，气雾剂多用于预防和辅助治疗口腔、咽喉部位的疾患。

（4）蜂胶药皂

国内外很多厂家都在生产蜂胶药皂，这些药皂各具特色，但有一个共同的特点，即在不同皂基原料的基础上加入1% ～ 3%的蜂胶浸提物。

3. 选购——注意包装信息

普通消费者选购蜂胶产品时，可以通过产品外包装的产品信息、感官鉴别以及家庭实验等方法来购买优质产品，主要应注意以下方面：

（1）市售蜂胶产品

蜂胶产品主要分为液体和固体两类产品形态，购买时认真查看产品的批准文号，再看有无小蓝帽标记。

（2）注意产品包装功效成分标签

蜂胶的功效成分并非单一的总黄酮类化合物，也并非总黄酮类化合物含量越高越好，各个厂家设计的产品配方有可能相同，产品的企业标准也有很大差异，判断蜂胶产品总黄酮类化合物含量是否合格，应依据各产品的企业标准和检测报告来判定。

（3）注意生产企业资质

选择信誉度高、专业生产蜂胶（拥有高科技提取技术）的大品牌企业，其产品质量稳定可靠，售后服务有保障。

（4）根据功能需求选择

蜂胶的作用有免疫调节、调节血脂、调节血糖、保护胃黏膜、改善睡眠、保护肝脏、抑制肿瘤等，但具体到某一种蜂胶产品，其配方、工艺、功能都有不同。因此不同的消费者要根据自身体质情况，选择具有相应功效的产品。

（5）要警惕“低价蜂胶”的陷阱

蜂胶有“紫色黄金”“软黄金”之称，因此优质蜂胶产品的价格不可能太低，低价蜂胶产品的原料品质很难保障。

4. 贮存——阴凉避光环境

蜂胶产品的保存时间长短主要受以下几个因素影响。

（1）保存环境

蜂胶产品应放在阴凉干燥、避光处保存。紫外线是蜂胶的大敌，不要让太阳光直接照射，因为萜烯类物质在阳光照射下容易分解，降低其产品效能。

（2）保存温度

蜂胶产品一般无需刻意保存，不必放在低温下，放在阴凉干燥处保存即可。但是，蜂胶软胶囊一定不能在低温下保存，尤其是不能冷冻，否则会因胶皮冻裂发生内部有效成分外漏的情况，使产品无法食用。

（3）保存器具

绝大多数胶囊、片剂都用的是塑料包装物，少数会用纸质或玻璃材料包装。盛装蜂胶液的容器主要有两种，一是传统使用的玻璃瓶，二是无毒塑料瓶。

（四）蜂花粉

1. 夸花粉——天然维生素宝库

蜂花粉是最佳的天然美容剂，其美容作用已经被人们所认识。一般的美容用品、化妆品只能治标，而内服或外用蜂花粉可促进皮肤的新陈代谢、改善营养状况、增强皮肤的活力和对外界不良环境的抵抗力，能使肌肤柔软、细腻、洁白、鲜润，并可清除多种褐斑，减少皱纹，使干燥的皮肤增加弹性，真正起到治本的作用。

蜂花粉具有低脂肪、高蛋白的特性，服用蜂花粉还可使体内的超氧化物歧化酶（SOD）含量增加。女性到中年，由于内分泌失调，面部就会出现黄褐斑、粉刺、雀斑、痤疮，这主要是缺乏维生素B_1、维生素B_2、维生素B_6、维生素C所引起，而蜂花粉富含多种维生素、氨基酸，如能经常食用蜂花粉，所缺乏的物质就会得到补充。

人们为了美容，可以适量口服蜂花粉或与外用蜂花粉化妆品相结合，其效果更佳。蜂花粉被誉为能食用的化妆品、内服美容剂，有服用一次蜂花粉胜似涂抹十次美容膏的说法。

蜂花粉有改善精神状态和提高精力、体力的作用。蜂花粉对脑的作用，主要是为脑细胞的发育提供丰富的营养物质，增强中枢神经系统的功能和调节平衡，使大脑和机体保持旺盛的活力。蜂花粉中的维生素和氨基酸，对神经衰弱等有良好的辅助治疗作用。

服用蜂花粉能增强体力和耐力，同时蜂花粉能提高运动员的心肺功能，特别是对心肌顺应性及心传导功能有明显的改善，并能提高运动员对一定负荷运动的适应能力。研究结果表明，蜂花粉对运动员改善睡眠、增进食欲、消除疲劳等均具有很好的效果，在比赛期间尤为突出。蜂花粉还对运动员体内免疫球蛋白的稳定有调节作用。

蜂花粉可有效提供人体的多项机能（赵亚周/摄）

2. 常规加工——为了安全与易吸收

（1）蜂花粉保鲜

蜜蜂采集的新鲜蜂花粉含水量较高，通常在20% ～ 30%，而且蜂花粉中营养丰富，为酵母菌和其他微生物的繁殖提供了极好的条件，如不进行干燥处理，在适当的温度条件下，蜂花粉中的微生物会以几何级数增殖。蜜蜂采集的新鲜花粉里经常混入一些昆虫卵，在适当的温湿度条件下，虫卵孵化成幼虫，幼虫羽化成成虫，会将蜂花粉蛀空。

因此，蜜蜂采集的新鲜蜂花粉必须经过充分干燥处理，使其含水量达到6%以下才有利于贮存。如要长期贮存，应使蜂花粉含水量降至2% ～ 3%为好。此外，将干燥后的蜂花粉置于－18 ～－15℃冷库中6小时以上是杀灭虫卵较理想的方法。

（2）蜂花粉的去杂处理

蜂场采收的蜂花粉中含有虫尸、蜂头、蜂翅、蜂足、草梗、蜡屑、尘土、虫卵等杂质，应通过风力扬除和过筛分离去杂。风力扬除主要是分离质轻的蜂翅、蜂足、草梗、蜡屑和粉尘等杂质，过筛分离则主要分离出体积比蜂花粉团粒（2.5 ～ 3.5毫米）大的蜂尸、蜂头、草梗等，以及体积比蜂花粉团粒小的尘土、虫卵和碎蜂花粉团粒等。

（3）蜂花粉干燥方法

蜜蜂刚采集的新鲜蜂花粉的含水量为20%～30%，有的甚至高达40%。含水量高的蜂花粉极易发酵变质，必须及时干燥，使其含水量降至8%以下，才可贮存。为了进一步提高蜂花粉的稳定性和适应后续加工的需要，还应将蜂花粉干燥至含水量小于6%，方可长期贮存。

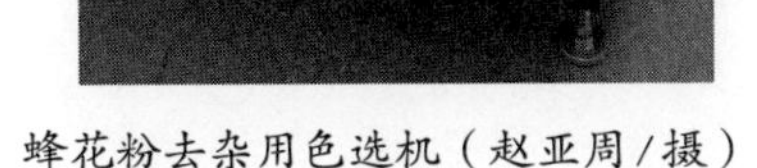
蜂花粉去杂用色选机（赵亚周/摄）　　冷冻干燥机（赵亚周/摄）

（4）蜂花粉的脱敏

用蜂花粉制成的食品会引起大约1/10000～2/10000人群的轻微过敏症状，这可能与其体质类型有关，并不是所有蜂花粉均含有致敏物质。多年来，在实际的应用中，为防止蜂花粉对某些过敏性体质的人产生致敏性，在制作蜂花粉食品时常采用水煮或发酵的方法进行脱敏处理，其本质是破坏蜂花粉中某些具抗原特性的蛋白质结构，使其失去致敏性。

（5）蜂花粉的破壁方法

花粉壁表面凹凸不平，分为内壁和外壁。在花粉壁表面还有无数的萌发孔，可穿透花粉壁达到花粉内部。花粉破壁是指蜂花粉经过发酵、机械处理、变温或化学处理后，花粉的萌发孔处破裂，里面的物质自萌发孔外溢的现象。

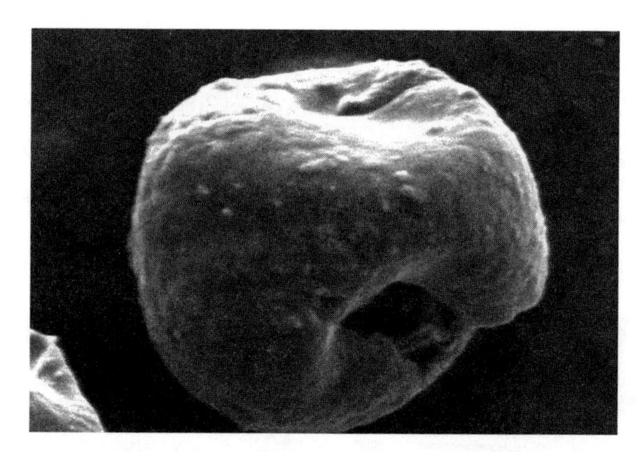

蜂花粉破壁的微观状态（赵亚周/摄）

（6）蜂花粉产品的类型

蜂花粉作为人类的一种纯天然、全营养、全吸收的营养物质，已广泛应用于食品、饮料、化妆品及医药等领域，对提高人类的健康水平发挥着越来越大的作用，目前蜂花粉加工产品包括冲服剂、浸膏、胶囊、片剂、口服液、酒类、化妆品等多种类型。

3. 选购——干燥、新鲜最重要

蜂花粉价格较便宜，营养价值也很高。因不同品种的蜂花粉所含营养成分各有特点，为了补充各种各样的营养成分，最好选购不同的蜂花粉混合食用或交替食用。选购时有几点需要注意。

（1）蜂花粉应尽量新鲜

因为蜂花粉是高浓度营养物，还含有一些活性物质，储存时间长和保存不好都会导致品质下降。选购时可通过看色泽、闻气味、看生产时间和地点以及看销售商的贮存方式等来判断其质量优劣。

（2）选择干燥效果好的蜂花粉

将花粉团在手里轻轻搓，有刷刷的响声，有坚硬感，说明花粉团比较干燥，质量也较好。

（3）注意分辨气味

蜂花粉不能经高温干燥，如发现有烧焦了的痕迹，香味不对，说明质量不好。

（4）注意产品规整程度

如果蜂花粉的团粒结构完整率高，大小基本一致，说明其质量较好，较新鲜。

（5）注意包装

要注意蜂花粉包装是否标明了蜂花粉的名称、净重、等级、产地、生产和经营单位、包装日期和检验标准等必要的标识，以便在出现质量问题时可以找到厂家。

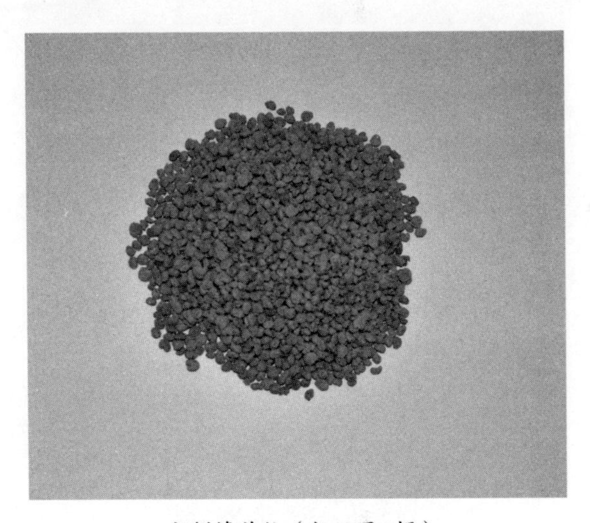

新鲜蜂花粉（赵亚周/摄）

4. 贮存——干燥、密封最重要

消费者从专卖店或超市购回的花粉，在家里如何保存，现有几种方法可供选择。

（1）容器选择

将蜂花粉装在干燥的容器内，如玻璃瓶或无毒的塑料瓶中，将瓶盖拧紧使之密封，放在阴凉、干燥、通风处即可，但不宜超过6个月。

（2）冷冻保存

将装袋密封的蜂花粉放入冰箱或低温冰柜中，可保存10个月或1年时间。

（3）密封保存

将蜂花粉和白糖按2：1混合，装入容器内捣实，然后表面再撒一层约10厘米厚的白糖覆盖，加盖密封容器口，不使其与空气接触，在常温下可保存1年不会变质。

Part 3

选对、吃好蜂产品

(一)蜂产品食用贵在坚持
(二)按需选用蜂产品
(三)蜂产品的花样吃法
(四)食用蜂产品的注意事项
(五)蜂产品热点知识问答

（一）蜂产品食用贵在坚持

蜂产品是一类季节性很强的食物，春天的槐花开花时，我们可以品尝到甘甜纯美的槐花蜜，而到了夏季青海地区油菜开花时，我们又可以获得美容佳品——油菜蜂花粉。要想达到强身效果，食用或使用蜂产品需要长期坚持、正确服用。

1. 喝蜂蜜好处多多

蜂蜜有较强的润泽性，能吸收空气中的水分，较好地防止皮肤表面水分蒸发。那么我们长期喝蜂蜜有什么好处呢？

（1）缓解疲劳

随着春天的到来，气温逐渐升高，人体皮肤毛孔舒展，供血量增多，而供给大脑的氧气相应减少，以至于大脑工作会受到影响，在这种情况下身体功能大多处于半昏睡状态。

在所有的天然食品中，蜂蜜含有大脑神经元所需的能量最高，它所产生的能量比牛奶高约5倍，能够在很短时间内补充人体能量，消除人体的疲劳感和饥饿感。蜂蜜中的果糖、葡萄糖可以很快被身体吸收、利用，进而改善血液的营养状况。再加上蜂蜜不含脂肪，富含维生素、矿物质、氨基酸、酶类等，经常服用后能使人精神焕发，精力充沛，记忆力得到提高。

（2）抗过敏

随着我们周围环境中的植被更加丰富，过敏源也不断增多，易引起特殊体质的人过敏。而蜂蜜有消炎、祛痰、润肺、止咳的功效，还可以辅助治疗由花粉引起的过敏症。长期服用蜂蜜，可有效缓解哮喘症的发作。

枇杷蜂蜜水（赵亚周/摄）

（3）消除积食

每逢重要的节假日来临，人们都会受到各种美食的诱惑，胃肠因此很容易受到油腻大餐的冲击，以致功能受到影响，而蜂蜜可以促使胃酸正常分泌，还有增强肠蠕动的作用，进而显著缩短排便时间。若发生积食，可以每天早晚空腹服用蜂蜜25克，能够有效缓解积食症状。

蜂蜜缓解积食效果良好（赵亚周/摄）

（4）促进睡眠

蜂蜜中的葡萄糖、维生素、镁、磷、钙等可以调节神经系统功能，缓解神经紧张，促进睡眠。且蜂蜜没有引起人体压抑、疲惫、分神等副作用，每晚睡前一匙蜂蜜，可以帮助你轻松入眠。

（5）预防感冒

换季时节，老人、小孩易患感冒，临床以发热、恶寒、头痛、鼻塞、流涕、咳嗽、咽痛、声嘶等为基本特征。蜂产品及其复合配方对感冒有良好的预防作用。用蜂蜜、姜汁按1 ∶ 1比例配制成蜜姜感冒饮，可缓解由病毒性感冒引起的头痛、牙痛、发热等症状。用蜂蜜、钩藤各15克，绿茶1克配制的钩藤蜜茶，可改善感冒引起的鼻塞、喷嚏、咽痛、声嘶、咳嗽、发烧、头痛、身痛等症状。

蜜姜感冒饮可有效缓解感冒症状（赵亚周/摄）

2. 蜂王浆为你增加营养

（1）老年人食用蜂王浆的益处

蜂王浆具有促进新陈代谢、组织再生和增加营养的作用，有专家认为蜂王浆含有增强机体抵抗力、延缓衰老的丙种球蛋白，还有长寿因子如泛酸和吡哆酸（维生素B_6）等。医学研究表明，老年人服用蜂王浆能抗氧化、清除体内自由基、增强人体免疫功能、调整人体内分泌、抑制脂褐素的产生、给机体补充核酸、抗基因突变和促进机体营养平衡等。此外，食用蜂王浆还能提高脑组织中乙酰胆碱的水平和活力，增强抗氧化能力和脑神经元之间的信息传递，促进合成和补充蛋白质和核酸，清除和减少自由基对脑细胞的伤害，对预防老年痴呆有积极意义。

（2）儿童食用蜂王浆的益处

服用蜂王浆可以减缓贫血和植物性神经失调，促进代谢，增强抵抗能力，对儿童营养不良、发育异常、常年多病发烧、身体消瘦、精神萎靡、食欲不振、缺营养性浮肿等都很有改善作用。儿童食用蜂王浆，可将蜂王浆或蜂王浆冻干粉加入牛奶、豆浆或鸡蛋汤中，也可口服蜂王浆片、蜂王浆胶囊。

（3）孕妇食用蜂王浆的益处

蜂王浆中的牛磺酸、泛酸和氨基酸对婴儿的成长发育有很大的促进作用。《中国妇女报》曾刊登《育花使者蜂王浆》一文，介绍了食用蜂王浆怀孕生子的经验。食用蜂王浆，还可以预防和改善孕期胎儿营养不良，促进胎儿生长发育。此外，孕妇产后食用蜂王浆对其较快恢复健康很有作用。孕妇在食用蜂王浆时，应注意少量，并应适当添加蜂蜜。

（4）中年人食用蜂王浆的益处

蜂王浆中的激素有调节代谢失调、减轻或缓解更年期综合征及预防中老年骨质疏松作用。男性更年期表现为体力欠佳、精力不足、思维和记忆力减退，严重时还会出现失眠、多梦、头痛、容易发怒和性欲低下等症状，服用蜂王浆一段时间后症状即可减轻。

女性更年期由于不能生成足够数量的雌激素和孕酮，生殖器官和其他与雌激素有关的组织萎缩，丘脑和垂体功能亢进，植物系统功能紊乱，表现为面部潮红、出汗、头痛、眩晕、肢体麻木、情绪不稳、小腹疼痛、心慌、失眠、暴躁，甚至多疑等。同时，糖尿病、冠心病、高血压、高脂血症等潜在疾病均会有所表现，这些都是由于卵巢功能的衰退与内分泌之间不平衡所引起的综合症状。更年期女性服用蜂王浆，有助于缓解以上症状。

有益于女性健康的蜂王浆（赵亚周/摄）

（5）蜂王浆的禁忌人群

低血压患者：蜂王浆内含有类似乙酰胆碱的物质，可以使血压降低，导致低血压患者病情加重。

过敏体质者：有部分人食用蜂王浆会引起一定程度的不良反应，比如出现气喘、呼吸困难、皮疹、皮肤瘙痒等过敏症状。

腹泻、腹痛、肠胃功能紊乱者：食用蜂王浆，可以引起肠胃肠道强烈收缩，会使原来的症状加重。

肥胖者：蜂王浆可以使机体内部调节能力加强，会使肥胖者体重增加，易患其他的疾病。

糖尿病患者：蜂王浆内含大量的葡萄糖，这些糖分进入人体以后是直接进入到血液里，糖尿病人服用会直接导致血糖升高。

发热、黄疸病患者：服用蜂王浆以后，会延缓病情好转，甚至可能导致病情恶化。

蜂王浆为一种高级的滋补品，食用的时候也是需要遵守它的禁忌的。不是每个人都可以服用蜂王浆，任何食物都有两面性，吃对了自然对身体好，吃错了便会产生副作用。

3.蜂胶助力健康

（1）蜂胶辅助治疗糖尿病

现代研究和临床实践表明，蜂胶对糖尿病及其并发症有较好的辅助治疗功效，在防治各种感染以及血管系统疾病等方面是一种非常理想的天然药物。蜂胶具有很好的杀菌、消炎、抗氧化、净化血液、排除毒素、强化免疫系统的作用，而且还具有明显的降血脂、降血糖、软化血管的作用，对糖尿病患者有着非常重要的意义。

根据国内外的研究，蜂胶调节血糖的机理、预防和辅助治疗糖尿病及其并发症的作用机理主要包括降低血糖、修复胰岛细胞、强化免疫、抑制细菌和病毒、调节血脂改善血液循环、清除自由基和抗氧化、供应能量等。

蜂胶对糖尿病患者的保护作用是多种因素协同作用的结果，而且蜂胶对糖尿病患者的保护作用是多方面的。虽然少数糖尿病患者的降糖功能并不是很理想，但是蜂胶辅助治疗糖尿病最大意义并不是蜂胶的降糖作用，而是对糖尿病患者的综合辅助作用，特别是蜂胶能预防各种感染，能够软化血管、净化血液、改善微循环、预防心脑血管并发症的发生。

（2）蜂胶辅助抑制癌症

近几十年来，国内外学者和临床工作者对蜂胶的抗肿瘤机理进行了大量的实验、研究和观察，发现蜂胶中槲皮素、咖啡酸苯乙酯、异戊二烯酯、鼠李素、高良姜素等物质对肿瘤细胞具有一定程度的毒杀作用。

此外，蜂胶中含有丰富的抑制肿瘤生长的物质，药理实验证明，黄酮类、萜烯类物质有很好的抑制肿瘤的作用。蜂胶中的这些物质对肿瘤的抑制可能是通过抑制病毒的活性、抗氧化作用、免疫强化、特殊酶类的作用等来实现。蜂胶中含有的黄酮类物质能影响癌细胞的基础代谢以及癌细胞DNA的合成。另外，蜂胶乙醇提取物能抑制多环芳香烃的诱导生癌作用，抑制癌细胞的生长。

蜂胶含有的免疫成分是天然免疫刺激剂，能恢复老化器官的免疫功能，提高机体的免疫力。在提高机体免疫力的同时，蜂胶维持了人体内的生物平衡，增强抗病能力，所以对辅助治疗癌症有较好的作用。

蜂胶中的萜烯类、黄酮类等物质具有抗癌活性，尤其是二萜类、三萜类和多种倍萜类化合物，是抗白血病和抗肿瘤的主要成分，一些多糖类和苷类物质具有强化免疫功能，能够对抗癌症患者放疗和化疗引起的副作用。

（3）蜂胶保护胃的健康

蜂胶是天然胃黏膜保护剂，能使胃黏膜表面形成一层胃酸不能渗透的保护膜，强化胃黏膜屏障，调节胃酸分泌，有效保护胃黏膜。蜂胶还有促进胃黏膜损伤病变组织血液循环的作用，增加血流量，促进黏膜上皮细胞组织修复与再生，促进胃酸和黏液的分泌，重建胃黏膜屏障，实现健全的胃黏膜器官的生理功能。

蜂胶中黄酮类化合物以及丰富的酶类物质，还能够促进人体新陈代谢，增加肠胃蠕动，促进消化液的分泌，改善消化功能。蜂胶通过对全身营养状况和体质的改善，能够促进受损黏膜的修复。

蜂胶还有很好的利便排毒作用。便秘是一种常见的胃肠道疾病，应该引起重视。宿便中的毒素和有害气体，经肠壁吸收后进入血液，通过血液循环进入机体器官组织，成为“内毒素”。蜂胶有解毒作用，利肝、利胆、利肾、利尿、利便，调节消化系统生理功能，促进肠蠕动，促进代谢废物的正常排泄。

蜂胶可以辅助治疗多种人体疾病（赵亚周/摄）

（4）服用蜂胶可能产生的副作用

越来越多的人将蜂胶视为日常滋补品来食用，但是食用的时候还需要注意以下几点。

①严重过敏体质者慎用蜂胶

虽然蜂胶是天然的滋补品，但是由于每个人身体情况不同，所以有极少数人是对蜂胶过敏的。一般发生过敏的现象是皮肤红肿、瘙痒等，不过过敏人群大约占万分之三。如果外用蜂胶，在启用一周内可每天滴一滴涂抹于患处试敏。

②女性禁服蜂胶（怀孕和哺乳期）

蜂胶中的功效成分是比较突出的，但对于婴儿来说会影响免疫系统的正常发育。而且孕妇食用蜂胶以后，还会直接干扰胎儿的正常发育。研究指出，孕妇食用蜂胶会引起宫缩，这对于胎儿来说是不利的，所以孕妇是禁止服用蜂胶的。

③十二周岁以下的儿童不宜服用

十二岁以下的儿童不适合服用蜂胶。婴幼儿如用蜂胶处理皮肤病时，也应将其稀释后再用。

（5）食用蜂胶的注意事项

① 蜂胶是一种滋补品，服用期间最好和其他药物分开半小时以后再服用，饭前饭后服用均可。蜂胶和中药是可以一起放心服用的，并且可以帮助中药发挥更好的治疗效果。

② 如果服用蜂胶以后出现了轻微瘙痒、皮肤红疹、患部肿胀，则可服用本海拉明等脱敏药，过敏现象即可消失。

③ 建议每天服用蜂胶的次数为2～3次，这样可以增强身体对于疾病的抵抗力。一般人在服用蜂胶一个月以后，可能会出现疲倦、排便量增加且颜色变黑、脸上出现红色斑点。专家认为，这都是一些好的反应，可以放心继续服用。

4.蜂花粉助你容颜不老

蜂花粉在美容养颜方面具有特殊功效，完全基于蜂花粉中所含的丰富营养成分及多种生理功能，是多方面综合作用的结果，是能真正起到内在美容效果的佳品，是一种既可食用又可外用的，安全有效的理想天然美容剂。蜂花粉具体的美容机理如下：

（1）增强和调节新陈代谢

皮肤的新陈代谢和其他器官组织一样，是由糖类、蛋白质、脂肪、维生素和微量元素等多种营养成分参与完成的。任何一种营养素的缺乏，都有可能引起皮肤新陈代谢失调，出现皮肤干燥、色素沉着、粉刺等症状。

一般的化妆品虽然可以暂时起到一定美容作用，但卸妆之后又会露出“真面目”。只有全面调整机体新陈代谢，才能取得真正的美容效果，花粉在这方面具有独特的优越性。因为花粉含有人体所需的全面、均衡的营养成分，并且具有天然活性，易被人体消化吸收，有利于调节人体的新陈代谢，起到“秀外必先养内”的根本美容效果。

（2）调节内分泌作用

内分泌失调会使皮肤从根本上丧失正常的吸收功能，而皮肤缺乏各类营养素又会出现黄褐斑、粉刺、皮肤灰暗、粗糙等。因此，内分泌紊乱是影响美容的根本原因。

天然花粉中含有多种活性蛋白酶，对调节人体内分泌起着重要作用，这种调节作用是双向的，不仅促进新陈代谢，使皮肤表皮细胞更新加快，显得年轻有活力，而且抑制促进黑色素形成的酪氨酸酶活性，减轻已有的色素沉着，并且对于新色斑的产生有积极的抑制作用。

（3）营养抗衰作用

蜂花粉含有十多种维生素，是天然的维生素浓缩物，对养颜美容有营养、抗衰作用。维生素A为美容维生素，可以使人眼睛明亮，皮肤柔润，减少皮脂溢出，保护皮肤弹性，防止皮肤衰老；维生素B_2可消除粉刺与色斑；维生素B_8能改善皮肤组织排泄功能，促进血液循环；维生素B_5有益于皮肤神经系统；维生素B_6对保护皮肤有裨益，还有美发功效；维生素C为抗氧化剂，可以消除毒素，促进胶原的合成，降低黑色素的代谢与生成，因而可保护皮肤洁白细嫩，防止衰老；维生素E可促进皮肤的血液循环，具有保持肌肉丰满、提高皮肤弹性、抗氧化物侵蚀和防止皮肤细胞早衰的作用；维生素H可促进皮肤细胞生长，保持皮肤光泽，防止皮炎。

（4）通便作用

便秘是美容的大敌，大便不通，粪便长久停留在体内，便会和肠内的腐败菌共同产生有毒物质，被人体吸收后将会严重影响皮肤的生理功能，使皮肤失去光泽和弹性，加速皮肤老化。一旦大便畅通，上述症状就可消除。临床实践证明，蜂花粉几乎可以消除所有原因的便秘，食用蜂花粉是有效快捷的通便方法，而且没有任何副作用。

（5）营养吸收作用

蜂花粉破壁或不破壁对人体消化、吸收差异不显著。蜂花粉粒外壁虽然非常坚固，但在人体胃液酸性环境中，其内含物能够从萌发孔或萌发沟被释放出。但破壁而不提取，对美容将更为有效。实验证实，食用蜂花粉无需强调破壁。如果制造外用的护肤化妆品或花粉饮料、儿童饮品，则需要对蜂花粉进行提取或破壁。但若外壁破碎，内部物质易被氧化或污染而变质，加工、包装盒贮藏条件更加苛刻。因此，应根据需要决定蜂花粉该不该破壁。

（二）按需选用蜂产品

1.调节身体机能

（1）保护心脑血管

蜂蜜中富有易被人体吸收的葡萄糖，它能营养心肌、改善心肌新陈代谢功能和调节血压，使血红蛋白增加、心血管舒张，扩张冠状动脉，防止血液凝集，保证冠状血管的血液循环正常，促进心脑血管功能，因此经常服用蜂蜜对于心血管病人有益处。高血压患者，每天早晚各饮一杯蜂蜜水，也有益于健康。动脉硬化症者常吃蜂蜜，有保护血管和降血压的作用。

蜂王浆中含有丰富的营养物质和生物活性组分，对心血管系统的疾病具有预防和改善作用，并且多表现为双向调节作用。外国专家曾让12例58～70岁的血管硬化患者舌下服用蜂王浆（黏膜吸收），表现出能使高血压降低的趋势，对于冠状动脉硬化和脑血管栓塞的患者症状有所减轻或缓解。由于体质的增强，服用蜂王浆的患者在较长时间内血压比较稳定，很少出现反复。将蜂王浆与蜂蜜按1 ∶ 10的比例充分混合，每次服1汤匙，每天1～2次，2～4周为一个疗程，有助于降低人体血液中的甘油三酯和胆固醇含量，从而预防和缓解动脉粥样硬化。

蜂胶能帮助人增强呼吸，增强心脏收缩力，血管舒张，减少脂质过氧化物在血管内壁堆积，抑制血小板聚集，抗血栓形成，降低冠脉阻力，增加冠脉血流量，调节血脂、血糖和血压，防止动脉粥样硬化。蜂胶中有500多种天然活性成分，在降血脂、降血压、软化血管、预防动脉粥样硬化、冠心病、心肌梗死和脑血栓等心脑血管疾病的发生方面有着明显的作用。蜂胶中的黄酮类物质是公认的保持血管弹性与通透性所必需的重要功效成分，能软化血管，降低血管脆性，改善血管的弹性和通透性。

蜂花粉中的芦丁和原花青素含量较高，可通过增强毛细血管的强度，使心脑血管系统被很好地保护起来，从而降低冠心病患者发生脑中风的概率，同时对视网膜出血、脑出血、毛细血管通透性障碍等有良好的预防作用。蜂花粉中含有丰富的黄酮类化合物，对预防高血压、静脉曲张等具有良好的效果。蜂花粉在临床上还具有降血脂的作用，通过降低血脂减缓动脉粥样硬化的进程，使心脑血管疾病发病率下降，同时还能避免人们临床上所用的某些降脂药对肝、肾组织造成的负面影响。用蜂花粉辅助治疗心血管疾病，一般为每天3次，每次10 ～ 15克，连续服用3 ～ 4个月，会起到良好的效果。也可取10克蜂蜜和10克蜂花粉混合，每天口服2次，连续服用40天左右，有助于缓解失眠、头痛等症状。

蜂花粉和蜂蜜可混合食用（赵亚周/摄）

（2）调节人体糖代谢

糖尿病是一种代谢性疾病，主要是由于胰岛素分泌和作用缺陷导致碳水化合物、脂肪、蛋白质等代谢紊乱的慢性疾病，其临床表现出多饮、多食、多尿、体重减轻、血糖和尿糖增高等。糖尿病并不是不治之症，可怕的是各种糖尿病的并发症，如皮肤感染、视网膜病变、血管硬化、肾病等。因此，预防和缓解糖尿病，成为糖尿病防治工作的重中之重。

蜂胶中一些黄酮类、萜烯类物质具有促进外源性葡萄糖合成肝糖原的作用，而且，这类物质具有明显降低血糖的作用。对部分患者，这些物质在含量很低的情况下就可以发挥很好的降糖作用。在药理研究及观察中，用含有丰富的黄酮类、萜烯类物质的蜂胶提取物对糖尿病大鼠及糖尿病人进行观察，均表现出明显的抑制血糖作用，而且随着疗程的延长，效果更佳。蜂胶还有促进组织细胞再生作用，能修复受损胰岛，促使附近胰岛细胞再生，提高胰岛素分泌质量，使之形成良性循环，从而有效地调节血糖。因此，坚持服用蜂胶可以对胰岛细胞起保护作用，并帮助发生病变的胰岛细胞恢复正常功能。

蜂王浆含有一定数量的类胰岛素肽等生物活性物质，可以调节人体的糖代谢，明显降低血糖，有助于改善胰脏、肝脏、肾脏等器官的功能，有一定的预防和辅助治疗糖尿病效果。

蜂花粉中含有丰富的常量元素和微量元素，现代医学研究表明，对糖尿病患者补充常量元素和微量元素有重要作用，特别是铬、镁、锌、铁、锰、钙、磷等对于糖尿病有特殊益处，可以调节血糖，有利于控制糖尿病。

（3）预防肿瘤

肿瘤是一种常见病、多发病，是机体在多种致癌因素的作用下，局部组织的某一个细胞在基因水平上失去对其生长的正常调控，导致其异常增生而形成的异常病变。医学界一般将肿瘤分为良性和恶性两大类，良性肿瘤生长缓慢，呈膨胀性扩展，一般不转移、不复发。恶性肿瘤生长迅速，呈浸润性扩展，并破坏周围正常组织，细胞组织形态与正常细胞差异大。恶性肿瘤浸润广泛，容易转移和复发。恶性肿瘤的发生，严重地危害人民健康，如何进一步改善临床症状和减少病痛，提高生存率，是当前医学界迫切需要解决的问题。

蜂王浆有一定的抑制癌细胞生长作用，在恶性肿瘤的综合治疗中具有一定的辅助作用。蜂王浆对多种肿瘤和癌细胞具有较强的抑制作用，能减少放疗和化疗之后病人的痛苦，增加血液中白细胞和血红素的含量，提高机体的免疫调节功能，是我国临床医学中常用的预防和治疗癌症的辅助性营养品。主要的应用方法为：每日服用蜂王浆冻干粉1次，每次1

克，以温开水调匀后加蜂蜜适量，清晨空腹服用。在恶性肿瘤综合治疗中，蜂王浆是一种很有前途的扶正营养品，对年老体弱不宜大剂量化疗者尤为适合，值得临床上进一步扩大应用。

蜂王浆冻干粉可用来辅助抗癌或增加营养（赵亚周/摄）

蜂花粉的抗癌作用早已引起国内外学者的关注和研究，并取得成效。服用蜂花粉的病人对放疗耐受性增强，未出现造血功能下降被迫中断治疗的现象。放疗期间，病人在服用蜂花粉后的体重、食欲、睡眠、血尿等全身症状得到明显改善，特别是针对血液中酶和血象的检测，更能从本质上反映蜂花粉对放疗病人的组织器官尤其是造血器官的保护作用。血清中酶的变化，显示服用蜂花粉后，病人的丙氨酸氨基转移酶、苹果酸脱氢酶在放疗后都比放疗前降低，反映出蜂花粉对肿瘤病人肝脏有显著的保护作用。蜂花粉的抗辐射研究表明，它具有多方面的抗辐射效应，除在癌症治疗中作佐剂调节血液、增强放疗的效果外，还可以改善X射线引起的皮肤损伤。

研究表明，过剩自由基是一种突变原因，也是导致癌症及其他许多疾病的重要因素。在正常情况下，当身体内有细菌、病毒侵入时，自由基会将这些外来异物溶解。但是，当机体内自由基过剩时，会攻击身体自身的细胞、组织、血管壁及其他器官等，导致各种疾病。蜂胶含有丰富的黄酮类、萜烯类化合物，是一种很好的抗氧化剂。因此，蜂胶可以清除过剩的自由基，减少癌细胞的产生，降低放疗、化疗引起的副作用。

机体免疫功能的高低在肿瘤治疗中起重要作用，通过增强机体免疫功能来防治肿瘤，具有光明的前景。研究表明，蜂胶是一种天然的免疫强化剂。蜂胶提取物能够刺激免疫机能和丙种球蛋白活性，增加抗体生成量，能够增强巨噬细胞吞噬能力，从而提高机体的抵抗力，抑制癌细胞生长。

2. 提高人体免疫力

蜂胶对机体免疫系统具有广泛的作用，既增强体液免疫功能，又促进细胞免疫功能，并对胸腺、脾脏、骨髓、淋巴等整个系统产生有益的影响。蜂胶既能促进机体内抗体的产生，又能增强巨噬细胞吞噬能力和自然杀伤细胞活性，提高机体的特异性和非特异性的免疫功能。因而，蜂胶被称为天然免疫功能促进剂。蜂胶中含有丰富的黄酮类物质、维生素、微量元素等抗氧化营养素，抗氧化活性强。选用蜂胶有助于改善免疫器官的功能障碍，改善机体氧化代谢过程，改善免疫系统的生理功能。

免疫系统由免疫器官、免疫细胞、免疫分子和免疫应答系统共同组成，它们一起构成了机体抵抗外来侵袭的天然屏障。免疫功能是机体在长期进化过程中获得的“识别自身、排除异己”的重要生理功能。正常情况下，人体在感染各种病原物或身体内部出现病变时，免疫系统可以随时进行清理。当免疫系统受到破坏时，会导致生理功能紊乱，降低机体对抗感染的能力，降低识别和清除自身衰老组织细胞的能力，降低杀伤和清除异常突变细胞在体内生长的能力，导致人体易患多种疾病，如感冒、肺炎、肝病、肾病、糖尿病、心脑血管病、癌症等。

蜂蜜中含有80%的糖类及少量蛋白质，都是以活性成分的形式存在，不需经过转化就可以直接被人体吸收，它所含的糖类大都是单糖，能迅速变成我们人体所需的能量。总而言之，蜂蜜中含有的物质包括能合成人体所需物质及提供各种活动能量的蛋白质、糖类等，也含有维持各种消化、吸收关键活动的维生素、矿物质、酶等。实验研究证明，用蜂蜜饲喂小鼠，可以提高小鼠的免疫功能。因此，蜂蜜作为一种独特的营养品，经常食用可以使人体得到均衡的营养，活化各种器官机能，增强人体的自然免疫力，从而不易患上各种疾病。

蜂王浆中含有10多种维生素、20多种氨基酸、核苷酸、微量元素和蛋白类活性物质，不仅能刺激抗体（免疫球蛋白）的产生，使血清总蛋白和丙种球蛋白含量增高，还能调节和增强免疫功能，使白细胞和巨噬细胞的吞噬能力增强，最终提高机体适应恶劣环境和抗病的能力。

蜂王浆中含有16种以上的维生素，维生素B_6等活性物质可增强红细胞的黏附作用，有力地清除机体内免疫复合物。蜂王浆中含有21种以上的氨基酸，主要有脯氨酸、赖氨酸、谷氨酸等，这些物质不仅能刺激骨髓造血，还能刺激淋巴细胞进行有丝分裂，使细胞转化增殖，增强机体细胞免疫功能。蜂王浆中含有其他有机酸、核苷酸（RNA和DNA）和蛋白类活性物质，大致可分为3类：类胰岛素、活性多肽、γ-球蛋白。3类物质主要是靠增加抗体数量来显著增强机体内的细胞免疫和体液免疫功能。总之，蜂王浆增强机体免疫功能的作用是确定的，随着科学研究的逐步深入，对蜂王浆增强机体免疫功能作用的认识将更加深入和全面。

蜂花粉的多种营养成分能被机体吸收利用，产生良好的营养效果，对维持机体正常的免疫功能具有重要影响。蜂花粉能刺激胸腺分泌量增大，提高T淋巴细胞和巨噬细胞的数量和功能，增强机体的免疫能力，从而预防各种疾病的发生。蜂花粉还能提高机体血清中免疫球蛋白（IgG）的水平，起到促进巨噬细胞吞噬作用的效果，也能增强抵御细菌、病毒的能力及中和毒素的功能。

科学家证实蜂花粉能提高小鼠对静脉注射碳粒的吞噬指数和吞噬系数，增强小鼠单核巨噬细胞系统吞噬碳粒的能力。此外，蜂花粉还能激活肝脏巨噬细胞的吞噬能力，提高肝脏细胞的吞噬碳粒的能力。这些都表明蜂花粉有提高机体体液免疫的作用，而且能增强受辐射小鼠胸腺素活性，对白细胞、红细胞和血小板恢复有促进作用。

3. 缓解疲劳

服用蜂蜜可以缓解人体疲劳，尤其是在学习、思考、熬夜后。作为纯天然食物，蜂蜜中含有大量的大脑神经元所需要的能量。蜂蜜所产生的能量比牛奶高约5倍，能够在很短的时间内补充人体能量，缓解人体的疲劳感和饥饿感。蜂蜜中的果糖、葡萄糖，可以很快被人体吸收利用，改善血液的营养状况。而且，蜂蜜富含维生素、矿物质、氨基酸、酶类等，能促进能量代谢，经常食用能使人精神焕发，精力充沛，记忆力提高。疲劳时，喝一杯蜂蜜水，一般10分钟左右就可以明显缓解疲劳。两餐之间喝一杯蜂蜜水是很不错的选择。

蜂蜜有助于提高运动员体能（赵亚周/摄）

生命运动需要能量，人的各种活动都需要消耗能量。人体所需的能量，来源于食物中营养物质在体内的氧化代谢过程所生成的一种高能化合物三磷酸腺苷（ATP）。蜂胶可以提高ATP合成酶的活性，使细胞合成更多的ATP。细胞内产生的ATP，在代谢过程中会释放出能量。体内能量充裕，机体代谢顺畅，及时有效地分解和清除代谢废物，就可以恢复体力，使人体精力旺盛。

研究证实，蜂胶能稳定和清除体内过剩自由基，促进体内氧化磷酸化过程，保护细胞膜，保护线粒体DNA，优化细胞氧化代谢功能，提高机体能量转换效率。还有研究发现，二十八烷醇具有独特的生理功能，包括抗疲劳、增强体力、精力和耐力，有助于机体从疲劳状态中快速恢复。因此，服用蜂胶可以使机体产生更多的能量，保持和恢复人的精力和体力，有效地排除体内代谢废物，促进人体健康。

蜂花粉有改善精神状态和提高精力、体力的作用。蜂花粉对脑的作用，主要是为脑细胞的发育提供了丰富的特有营养物质，增强了中枢神经系统的功能和平衡调节，使大脑和机体保持旺盛的活力。蜂花粉中的维生素和氨基酸，对神经衰弱等有良好的辅助治疗作用，对脑力劳动者有着重要意义。

研究结果还表明，蜂花粉对改善睡眠、增进食欲、消除疲劳、均具有很好的效果。此外，蜂花粉还对人体内免疫球蛋白的稳定有调节作用。

（三）蜂产品的花样吃法

1. 蜂蜜的花样吃法

（1）乳酪型蜂蜜

乳酪型蜂蜜就是指用人工的方法将蜂蜜加工、转化而成的油脂状结晶蜜。这个名称的得来是因为在以吃西餐为主的国家，人们习惯将蜂蜜以乳酪形式涂抹在面包上吃，因此把便于涂抹的油脂状结晶蜜称为乳酪型蜂蜜。天然状态下的蜂蜜一般是液态或颗粒状的结晶，或者下层是颗粒状结晶，上层是液态，很难看到结晶细腻的油脂状结晶蜜，而液态蜜和颗粒状结晶蜜涂抹起来极不方便。为了满足消费者的需要，乳酪型蜂蜜被成功研制。乳酪型的成品蜂蜜，最好在4 ～ 5℃的条件下储存。这种蜂蜜在国外比较普遍，我国市场并不多见。

乳酪型蜂蜜（赵亚周/摄）

（2）蜂蜜酒

蜂蜜酒是将蜂蜜稀释后，再经过发酵酿制而成的低酒精度饮料。多数蜂蜜酒味甜，有芳香气味，传统的蜂蜜酒有掺和草药的做法。蜂蜜酒使用的原料是各种类型的蜂蜜，将它们加水稀释、成分调整、发酵以及陈酿后，所得即为蜂蜜酒。

①蜂蜜酒按生产方式分类

发酵酒：是指以各种蜂蜜为酿造所需的原料，经过酵母菌的发酵，再利用澄清剂进行澄清，最后自然陈酿后所得到的低酒精度饮料，酒精含量一般在6% ～ 18%。

发酵蒸馏酒：以蜂蜜作为发酵的原材料，经过成分调整和酵母菌发酵之后所得到的发酵液经过蒸馏处理，所得到的一种酒精度较高的饮料。发酵蒸馏酒通常情况下都是没有颜色且透明的，其酒精含量一般在20% ～ 60%。

配制酒：是指以发酵的蜂蜜酒或者蒸馏的蜂蜜酒为原料，加入果汁、中药材等所制得的一种口感独特或者有特殊功效的蜂蜜酒。

②蜂蜜酒按酒精度分类

蜂蜜低度酒：酒精含量一般在1% ～ 16.0%，主要是由蜂蜜经过发酵或者蜂蜜酒经过勾兑所得到。

蜂蜜中度酒：酒精含量在 18.1% ～ 40.0% ，由发酵所得蜂蜜酒经过蒸馏或者加入食用酒精配制所得到。

蜂蜜高度酒：酒精含量在 40.1% ～ 55.0%，是发酵蜂蜜酒经过蒸馏以后得到的。

③蜂蜜酒按使用的原料分类

单一蜂蜜发酵酒：指利用某一种蜂蜜作为唯一发酵材料，通过酵母菌的发酵酿制，从而得到的蜂蜜酒。这类蜂蜜酒往往有一个共有的问题，就是较为单一，所以在酿造之前就要选择风味比较浓厚的蜂蜜品种。

混合蜂蜜发酵酒：是指以两种或者多种蜂蜜作为酿制原料，经过酵母菌发酵而得到的一种蜂蜜酒。

（3）蜂蜜糕点

蜂蜜糕点是以蜂蜜为营养甜味剂制作的食品。蜂蜜富含营养成分，其中的果糖有吸湿和保持水分的特点，因而被广泛地应用于烘烤食品如面包、饼干、蛋糕类及月饼等的加工制作，使这些产品在味道、耐贮藏性、结构和外观等方面具有特点，质地紧密柔软，光滑明亮，清香爽口，不易变干。蜂蜜糕点可选择果子酱、果冻和蜜饯等作为配料。河北唐山的蜂蜜麻糖、江苏丰县的蜂糕和山西闻喜的蜜饯等，都是传统风味糕点。

蜂蜜糕点（赵亚周/摄）

（4）蜂蜜醋

蜂蜜醋是以蜂蜜为原料，经酵母菌、醋酸菌发酵酿制而成的醋酸饮料。蜂蜜醋具有香味独特、口感醇和的特点，其既可以保留蜂蜜原有的营养物质，又富含醇、酸、酯、维生素等活性物质。蜂蜜醋的加工方法通常是用蒸馏水调整蜂蜜糖含量至16%～18%，灭菌后接种酵母菌发酵至酒精含量4%～6%，停止发酵，过滤灭菌后加入醋酸菌发酵至适宜稳定的酸度，再经过适当加热灭菌后便可装入容器。蜂蜜醋的酿制通常需要控制初始糖度、pH、温度、菌种、接种量等，常用的菌种有酵母菌、恶臭醋酸杆菌、沪酿1.01醋酸菌、混变种AS1.41醋酸菌、奥尔兰醋酸杆菌、许氏醋酸杆菌等。

蜂蜜醋（赵亚周/摄）

（5）蜂蜜饮料

蜂蜜饮料是以蜂蜜为甜味剂加工制作的各种饮料。例如在蜂蜜中加入经过预先培养的啤酒酵母或葡萄酒酵母、乳酸杆菌，经过发酵可制成具有特殊香味、含微量酒精的发酵蜂蜜饮料。有的直接用蜂蜜作致甜剂，用水稀释和充加二氧化碳生产碳酸饮料。或者添加果汁制作含有蜂蜜的果汁饮料，还可以制作蜂蜜冰棍、冰糕等。

含有少量酒精的蜂蜜饮料，是一种酒精含量在1%以下的饮料。其制法是将10% ～ 30%的果汁加到蜂蜜中，使溶液的含糖量为35% ～ 50%，经过灭菌和添加脱脂牛奶后，接种乳酸杆菌，在30 ～ 37℃的温度下发酵1 ～ 2日，最后再次灭菌，便可制成美味可口的饮料。

蜂蜜饮品（赵亚周/摄）

蜂蜜果汁饮料加工的方法是将蛋白酶加到蜂蜜中，以分解蜂蜜中的蛋白质，然后进行过滤。用所得的透明蜂蜜与苹果汁、橘子汁、维生素C、香味剂等混合，再经过适当加热和灭菌后，便可装入容器。

（6）蜂蜜制作菜肴

不少佳肴名点，都使用蜂蜜上色，譬如在烤鸭、烧鸡和蛋糕等的表面涂上蜂蜜，可使其色泽黄嫩、刺激人们的食欲，且不易变干发霉。用蜂蜜制作的红烧肉、拔丝山药也颇有风味，烹饪食谱中还有蜜汁甲鱼、蜜汁火腿、蜜汁排骨等名菜。

蜜汁排骨（赵亚周/摄）

（7）蜂蜜柚子茶

蜂蜜柚子茶的味道非常清香，而且能够帮助祛斑，还可以嫩肤，因为蜂蜜中含有多种维生素，同时具有排毒的效果。如果皮肤上有暗疮，服用之后会使肌肤变得很亮丽，色斑也会慢慢清除。再加上柚子中的维生素含量极高，同时也具有美白的效果，所以两者结合，不仅能够清火，还能够使皮肤更白。如果天天对着电脑工作，不妨喝一些，既能远离辐射，又能清除色素暗沉。蜂蜜柚子茶不仅能够帮助美白肌肤，同时还能够缓解疲劳，尤其是在炎热天气喝一些，能够帮助降暑，对调节血压效果极佳。除此之外，还能够强壮骨骼，舒缓烦躁情绪，炎热夏季还能帮助预防感冒，降火的效果极好。

蜂蜜柚子茶的制作方法：挑选沉甸甸的柚子，放在自来水管下进行冲洗，把皮冲洗干净，然后用盐涂在表面，用手使劲搓去果皮上的果胶；再把柚子皮剥下，切成小细条，放在盐水中浸泡，中间要进行换水；去掉果肉和皮之间的白色物质，放入锅内进行熬制，在熬制的过程中注意搅拌，避免粘锅，小火慢熬1小时以上。待果皮和果肉变得颜色透亮时，关火使温度降至40℃左右，依口味加入适量蜂蜜，装入容器置于冰箱内，平时就可以直接饮用了。

（8）蓝莓蜂蜜水

蓝莓的营养价值很高，具有抗氧化、美容养颜的功效，内含花青素。蜂蜜中没有与蓝莓相抵触的物质，它们都是养生的可食产品，完全能一起食用。蓝莓蜂蜜水的甜度较低，口味淡雅。蓝莓果实中含有丰富的营养成分，属高氨基酸、高锌、高钙、高铁、高铜、高维生素的营养果品，其营养价值远高于苹果、葡萄、橘子等水果。

中医认为，蜂蜜味甘、性平，归脾、肺、心、胃、大肠经，具有滋阴润燥、补虚润肺、解毒、调和诸药的作用，常用于肺燥咳嗽、体虚、肠燥便秘、口疮、水火烫伤、胃脘疼痛，还可以解乌头、附子之毒。蜂蜜中含有果糖、葡萄糖、酶、蛋白质、维生素及多种矿物质，常吃可以预防贫血、心脏病、肠胃病等，并能提高人体免疫力。

蓝莓和蜂蜜可配合食用（赵亚周/摄）

食用方法：每天早晚用蓝莓泡蜂蜜水喝，由于高温会破坏蜂蜜的营养成分，可使用30～40℃的温水冲饮，适宜人群为儿童、学生、常用电脑人群、视力不佳的人、经常健忘及记忆力下降的人群、中老年人等。

（9）姜水蜂蜜

长期饮用姜水蜂蜜，能够使肌肤变得更好，同时还能够美白，让肌肤看起来更加红润，帮助消除褐斑。饭后1小时之后喝一杯蜂蜜生姜水，能够帮助肠胃消化，还能够缓解便秘，同时能够增强体质，有效清除体内毒素，预防感冒的效果也不错。生姜具有暖胃的效用，而且能够帮助出汗、祛风寒，蜂蜜能够解毒、止咳，两者结合具有暖胃止咳的功效，同时也能够帮助止痛。

蜂蜜生姜水的做法：先把姜洗干净，然后切成小片，最好选用老姜；可先将姜煮几分钟，待水温降至40℃左右时，再加入一些蜂蜜，两者搅拌均匀。早晚喝一小杯，能够帮助减肥，尤其是饭后喝一些，能够促进肠胃蠕动，减肥效果更好。制作蜂蜜生姜水时可以根据自己的需求选择不同蜜源的蜂蜜。对于女性来说，最好不要用槐花蜜，因为它属于寒性。

姜水蜂蜜（赵亚周/摄）

（10）百香果蜂蜜水

研究发现，百香果有较高的药用价值，特别是在肠道清理和神经镇静方面效果很好。百香果不仅有助于肠道内有害物质及毒素的排出，还能抑制有害微生物在消化道内生长，对结肠炎、肠胃炎、痔疮有神奇的辅助治疗作用。另外，百香果也是有名的天然镇静剂，能有效镇定神经，有助于睡眠。经常觉得心神不宁、易紧张或受失眠困扰的人，可尝试百香果蜂蜜水。

制作方法：取3～5个百香果对半切开，用勺子将百香果肉一起舀进容器，根据自己的口味，加入适量蜂蜜，加入温水，搅拌均匀即可。

蜂蜜百香果水（赵亚周/摄）

2. 蜂王浆的花样吃法

（1）鲜蜂王浆

纯鲜蜂王浆是指从蜂箱中直接采集而来的未经过任何现代工艺处理的蜂王浆，这种蜂王浆一般是直接从养蜂者手中购得的鲜王浆，用冰箱进行冷藏，或者在温度-18℃左右的条件下保存，随用随取。近年来，服用鲜王浆者较多，为了适应消费者的需要，商家已逐渐把鲜王浆加工成应用方便的商品，放在商店中供人选购。

由于从养蜂者手中买回来的鲜王浆包装量较大，多以6千克的塑料桶盛放，消费者食用起来很不方便。于是国内许多商家将鲜王浆做解冻处理，及时过滤，除去采集时带入的蜡屑、幼虫及其他杂质，然后分装，通常用30克、50克、100克、250克、500克等塑料瓶包装。这种制品的取用方法很简单，服用时用适当餐具根据用量取出后直接服用。有的生产厂家为了消费者服用蜂王浆方便，生产5克/袋的塑料袋包装，避免了袋装蜂王浆反复冷冻解冻，对生物活性成分造成破坏。

由于未经过加工处理，这种方法能保持其新鲜程度，活性物质也不易被破坏，所以这种鲜王浆的质量十分稳定和可靠，近年来深受消费者的欢迎。特别适用于大剂量服用者，如癌症患者、心血管疾病患者等。尽管鲜王浆有很多优点，但出差或离家时不易携带，且服用剂量不易掌握。

一般来说，蜂王浆在早餐前30分钟到1小时内服用是最好的，晚上服用蜂王浆的时间一般是在睡觉前的30分钟左右，早晚各一次，对于排毒养颜、帮助睡眠都有很好的效果。其具体的服用方法有以下几种：

直接服用：蜂王浆的最好吃法，是取适量的蜂王浆放入嘴里，然后慢慢咽下，益于人体吸收。

舌下含服：这种方法是使蜂王浆在舌下黏膜直接被吸收，再由血液带到全身各处，因此，蜂王浆服用量小且利用率高。也可将蜂王浆制成干粉后压制成片，放在舌下含溶后吸收。

含服：取适量的蜂王浆放入嘴里，然后再慢慢地让其在嘴里融化，这种方法可以有效缓解咽喉炎症状，也可以更加方便人体的吸收，使其效果达到最大化。

稀释：取1份蜂王浆，再取5份蜂蜜，搅拌均匀，食用的时候取适量，可以避免不适应蜂王浆辛辣口感的情况。

服用蜂王浆的时候，最好是直接服用，切记不可以用热开水冲服，否则会破坏其中的有效成分，从而降低了蜂王浆的食用功效。

纯鲜蜂王浆（赵亚周/摄）

（2）蜂王浆冻干粉

新鲜蜂王浆在常温下很难保证其品质，作为食品食用起来也有诸多不便，为了克服这一缺陷，可以将鲜蜂王浆经过真空冷冻干燥，加工成蜂王浆冻干粉。蜂王浆冻干粉完好地保留了鲜王浆的色、香、味和有效成分，而且活性稳定，可以在密封避光的容器中低温贮存两年质量不变。蜂王浆营养成分也大大浓缩，一般是3克鲜王浆制成1克蜂王浆冻干粉，蜂王浆冻干粉临床效果也与鲜王浆比较一致。因此，蜂王浆冻干粉的特点是较全面地保存了蜂王浆的有效成分，在常温下保存稳定，可随身携带，服用方便，是一种比较理想的加工制剂。

蜂王浆冻干粉（赵亚周/摄）

（3）蜂王浆口含片

片剂为常用的固体制剂之一，具有剂量准确、体积小、携带和储存方便、生产的机械化和自动化程度高等优点。由于蜂王浆冻干粉易吸潮，而片剂的包衣能起到较好的防潮作用。蜂王浆口含片是以蜂王浆冻干粉为原料，乳糖为稀释剂，硬脂酸镁为润滑剂，羟丙甲纤维素、聚乙二醇4000、二氧化钛、滑石粉、柠檬黄等为包衣辅料制成的包衣片剂。

（4）蜂王浆胶囊

蜂王浆胶囊是我国生产较早的一个剂型，按外壳的性质分为硬胶囊和软胶囊两种。硬胶囊填装的是固体物料，软胶囊主要填装非水溶性液体（主要是油状）物料。

① 硬胶囊蜂王浆，硬胶囊内装填的是蜂王浆粉剂，是蜂王浆冻干粉中加入一些适宜的食品或药品（淀粉、人参皂苷粉等）的混合物。

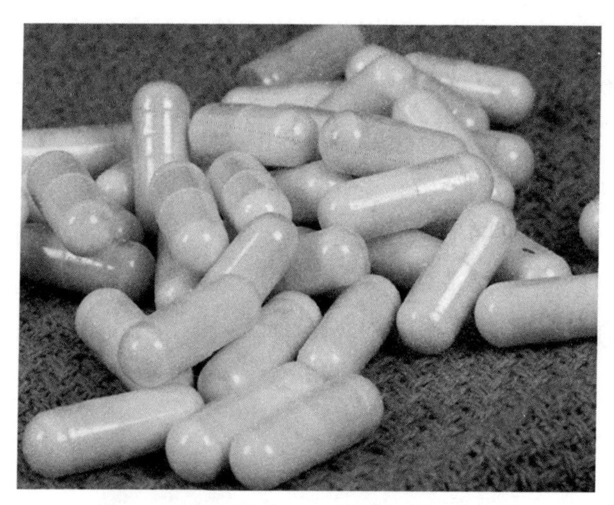

蜂王浆硬胶囊（赵亚周/摄）

② 软胶囊又称弹性胶囊或胶丸，因为盛装物料的胶囊壳含有一定量的甘油等物质，富有弹性，比硬胶囊壳软，因此而得名。制作软胶囊需要一定的设备，因为与硬胶囊的两个半壳组成一粒胶囊不一样，软胶囊的外壳成型与物料填装几乎是同时完成的。整个软胶囊是一个封闭的整体，因此要用专门的设备进行生产，可以将蜂王浆干粉制成食用油状的悬浮液作为填装物，加工成蜂王浆软胶囊。

蜂王浆软胶囊（赵亚周/摄）

（5）蜂王浆蜜乳

蜂王浆蜜乳是把蜂王浆和纯蜂蜜均匀地混合在一起制成的一种液体剂型，不添加任何防腐剂。该产品加工方法简单，成本低，服用方便，液体剂型有利于人体吸收。在20世纪80年代，我国城乡家用电器使用不普遍的时期，蜂王浆蜜乳是国内市场上很受消费者欢迎的一个品种。蜂王浆蜜乳的特点是利用蜂蜜来保护蜂王浆的各种有效成分，它将蜂王浆和蜂蜜的优点综合在一起，克服了蜂王浆常温下不易保存和口感不好的缺点。蜂王浆蜜乳中纯蜂王浆含量较低，一般只有5%～20%。

蜂王浆蜜乳可以自行配制，方法简单。将新鲜蜂王浆放入瓷碗中研磨后，边搅拌边加入少量蜂蜜，混合均匀后再加入适量蜂蜜，搅匀，直到量够，装入玻璃瓶密封备用。蜂王浆与蜂蜜的配比可根据每个人的用量大小及口味嗜好适当掌握。一般情况下浆、蜜以1∶10为宜，配比也可适当低或高一些，自己配制蜂王浆蜜方法简单，服用方便（每次服用时要摇匀），而且经济实惠。

（6）蜂王浆口服液

蜂王浆口服液是以新鲜蜂王浆辅以其他具有滋补营养作用的食品或中草药的提取物加工而成，不仅能较好地保持蜂王浆的有效成分，提高食用价值和商品价值，还克服了蜂王浆的口感不好，不易在常温下储存，携带不方便等缺陷。蜂王浆口服液较好地保持了蜂王浆的有效成分，调整了产品的色、香、味，适合老年人和儿童服用。

（7）蜂王浆酒

蜂王浆酒是用粮食白酒和优质蜂王浆按比例勾兑而成，具有舒筋活血，防病强身等功效。自制蜂王浆酒不需要特殊工艺和设备，加工成本低，可以取低度粮食白酒500克，加入鲜蜂王浆50克，充分搅拌使其溶解即可。自制王浆酒在加入王浆后有浑浊现象，只要喝前摇匀就行。

（8）蜂王浆美容膏

天然蜂产品用于美容，在日本风靡一时。蜂王浆中含有多种营养物质，能够促进皮肤细胞的新陈代谢，使干燥、松弛的皮肤变光滑、有弹性，可以改善皮肤的营养状况，增强细胞的活力，防止皮肤炎症，祛除黑色素和细小皱纹等。蜂王浆美容膏的具体制作要点：将破壁蜂花粉、β-环糊精加入蜂蜜中，最后加入蜂王浆，搅拌均匀后，盛入避光密闭的容器中，即可使用。使用方法：充分清洁面部后，用手指蘸少量美容膏均匀地涂在脸上，20分钟后用清水洗净，涂上护肤霜即可，一周3次。

3.蜂胶的花样吃法

（1）蜂胶软胶囊

软胶囊又称软胶丸剂，形状有圆形、椭圆形、鱼形、管形等，是将油类或对明胶无溶解作用的非水溶性液体或混悬液等封闭于胶囊壳中，用滴制法或压制法制备而成的一种制剂。软质囊材选用优质药用明胶、甘油和其他适宜的药用材料。

（2）蜂胶硬胶囊

蜂胶硬胶囊是指将蜂胶提取物制成粉状或颗粒状，并装入硬胶囊壳中的一种蜂胶产品，具有服用方便、无刺激性气味等优点。该剂型在国外广泛流行。

（3）蜂胶口服液

蜂胶口服液是标志性的蜂胶产品，是目前国内外主要蜂胶产品形式之一。蜂胶液用量少，见效快，既可食用，也可外用，具有多种功效。产品主要分为乙醇蜂胶液和无醇蜂胶液两类，乙醇蜂胶液用乙醇和水作为萃取溶剂，经过渗透、溶解、扩散和分配等过程，溶解渗透溶质（蜂胶），溶解可溶性成分并向外扩散，在溶剂中分配，达到动态平衡。无醇蜂胶液是专门针对乙醇产生过敏反应的少数消费者或者肝病患者而设计的产品。

（4）蜂胶片剂

蜂胶片剂是早期开发的一种蜂胶产品，它的优点在于剂量准确，体积小，携带便利，服用方便，生产效率高，便于储运。蜂胶片剂还可以利用包衣技术遮盖不良气味，避免对胃肠道的刺激。物料加工成片剂后，受光线、空气、水分、灰尘等因素影响较小。

（5）蜂胶蜜

蜂胶蜜是用20%蜂胶酊2～3毫升，与60克蜂蜜混合均匀而成的。

在食用时，取少量含在口中5分钟，然后慢慢咽下。蜂胶蜜可以预防和辅助治疗口臭、口腔疾病、呼吸系统和消化系统疾病。

（6）蜂胶酒

取蜂胶原料100克，置于冰箱冷冻1小时，取出后立即粉碎成末，投入500毫升食用酒精中，浸泡72小时，每8小时搅拌一次，静置24小时。取上清液，重复一次，两次上清液合并，过滤，最后用低度白酒定容至5000毫升。服用方法：每天早晚饮用5～20毫升，可与蜂蜜、温开水合用。外用时清洗损伤处，晾干后，直接将蜂胶酒滴于患处，再用浸蜜的纱布包扎，视情况决定换药时间。

（7）蜂胶口腔溃疡膜

蜂胶口腔溃疡膜是用蜂胶提取物制成的口腔用药，有抑菌、消炎、止痛、局部麻醉及组织修复作用。配方：提纯蜂胶5克，维生素A 4万单位，羟甲基纤维素20克，达克罗宁0.5克，95%乙醇适量，甜味剂适量，冰片0.5克。该产品主要适用于复发性口疮等口腔溃疡，在使用过程中应注意有过敏史者慎用，出现局部红肿、呕吐、恶心者停用。

（8）蜂胶气雾剂

气雾剂是将蜂胶配制成一定浓度的溶液，分装在能使液体形成气雾状喷出物的容器中而得。蜂胶气雾剂配方主要包括：提纯蜂胶、甘油、乙醇、氟氯烷以及香精。作为一种外用的消炎喷剂，其具有较好的消毒、杀菌和去除口臭功效。可用于皮肤科疾病以及口腔各种黏膜和齿龈疾病、口腔和咽部真菌损害以及促进拔牙后的创面愈合。

4. 蜂花粉的花样吃法

我国是历史上应用蜂花粉比较早的国家，早在唐朝的宫廷中就有花粉糕、花粉饼等制品，这些制品的制作工艺在当时已比较先进，例如采用了发酵和捣细等工艺，这些工艺至今仍被沿用。随着人民生活水平的提高，人们对蜂花粉及其制品的需求越来越大，并在原有基础上有了很大发展，品种大大增多，消费人群也普及到了广大老百姓，成为社会各个阶层普遍欢迎的天然食品。众多蜂花粉制品也就应运而生，成为市场上的畅销品。如果有人因一些原因无法直接食用蜂花粉，可以选择食用蜂花粉的制品。

（1）新鲜蜂花粉食用方法

由于个别人食用蜂花粉会产生过敏反应，建议起始量为每天2～3克，连续1周。如无不良反应，可增加到正常剂量（10克），坚持食用3个月以上。每天2次以早晚空腹食用为佳，肠胃不适者，饭后1小时服用为宜，与牛奶或蜂蜜一起食用最佳，不可用过热开水冲服。为了达到更好的食用效果，还要注意以下几个方面：

① 贵在坚持，开始食用2～4周不可间断。

② 最好空腹食用，早晚各1次，分别在早饭前15～30分钟，睡前30分钟。

③ 不可用过热开水冲饮，温度不超过50℃。

④ 花粉产品平时应放置在阴凉干燥处，避免高温，开瓶后可以放置在冰箱中冷藏为佳。

⑤ 打开包装后最好3个月内食用完毕。

⑥ 正常发育的婴幼儿和孕妇应慎用蜂花粉，痛风病人和食用蜂花粉过敏者不宜食用。

（2）蜂花粉蜜

将蜂花粉与蜂蜜混合后，经胶体磨磨细、磨匀，制成糊状花粉蜜，可完好地保持蜂花粉与蜂蜜的天然成分，装瓶内即可食用，深受消费者青睐。

蜂花粉蜜（赵亚周/摄）

（3）蜂宝素

以蜂花粉、蜂蜜、蜂王浆和蜂胶4种蜂产品合制成糊状蜂宝素，其营养成分更加全面，应用范围更加宽广。

（4）蜂花粉胶囊

将经过发酵破壁处理的蜂花粉装入食用胶囊中，既有利于掌握用量，又便于外出时携带和服用，是一种比较理想的蜂花粉制剂。

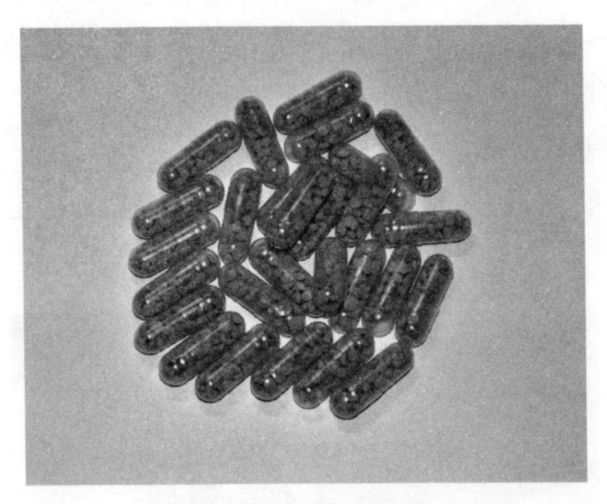

蜂花粉胶囊（赵亚周/摄）

（5）蜂花粉冲剂

将蜂花粉经过超细粉碎达到速溶程度后，配以奶粉、白糖等，混合后再超细粉碎一遍，过120目筛，分装成小包，每次冲服一包（约20克，含纯蜂花粉10克）。

蜂花粉冲剂（赵亚周/摄）

（6）蜂花粉片

选用经发酵或超细粉碎制成的蜂花粉细粉，配以白瓜子（制成细粉）和白糖，调和进适量蜂蜜作黏合剂，压制成片状，烘干后食用。

（7）强化蜂花粉

蜂花粉含有大量的维生素，但在干燥及贮存或加工过程中稍有不慎，就会造成维生素失活，同时有些人难以接受纯蜂花粉的口味。因此，在蜂花粉末中加入适量的维生素C和白糖及其他一些强化剂或中药提取物，制成强化蜂花粉，可使蜂花粉口感更佳，作用更强。

（8）蜂花粉糕

将蜂花粉磨细成粉后，加入糯米面蒸制成蜂花粉糕，定量分期食用。

蜂花粉糕（赵亚周/摄）

（9）蜂花粉口服液

通过温差等方法使蜂花粉破壁并反复提取3次，再添加蜂蜜或其他营养物，制成蜂花粉口服液，装入安瓿或其他包装中，按剂量定时服用，效果甚佳。

（10）蜂花粉膏

经过水提、醇提等工艺将蜂花粉营养成分提取出来，再经过乙醇回收、浓缩等工艺，使提取物成为膏状，一方面可以分装后直接上市，另一方面可作为原料或强化剂用来制作成其他产品。

（11）蜂花粉可乐

提取蜂花粉营养成分制成花粉液，再加入蜂蜜、柠檬酸等精制成含有二氧化碳气体的营养性饮料，深受消费者欢迎。

蜂花粉可乐（赵亚周/摄）

（12）蜂花粉汽酒

分别以乙醇和温差等方法反复提取花粉营养物，制成含醇的营养液，再充入二氧化碳气体，制成蜂花粉汽酒。

蜂花粉汽酒（赵亚周/摄）

(13) 蜂花粉冰激凌

在冷饮原料中添加进适量蜂花粉细粉，制作成高档冰糕、冰激凌等冷饮，可大大提高冷饮的质量和档次。

蜂花粉冰激凌（赵亚周/摄）

（四）食用蜂产品的注意事项

1. 食用蜂蜜的注意事项

（1）儿童如何食用蜂蜜?

儿童食用蜂蜜，可补充糖类等物质以满足生长需求，保护牙齿，预防贫血、感冒和便秘，促进睡眠，增加钙、铁、锌和磷的吸收。云南有儿歌唱到:“糍粑蘸蜜糖，吃了不想娘。糍粑蘸蜜糖，吃了快快长。”儿童吃蜂蜜，可以喝5% ～ 12%的蜂蜜水，也可以把蜂蜜加入牛奶或豆浆中食用，或用馒头和面包蘸蜂蜜吃。儿童吃蜂蜜以刺槐蜜、椴树蜜和白荆条蜜为宜。

（2）老年人如何食用蜂蜜?

生姜蜂蜜水：取5 ～ 10克鲜姜片放入杯中，用200 ～ 300毫升温开水冲泡5 ～ 10分钟后，加入25克蜂蜜搅匀饮用。蜂蜜加醋饮料：醋10毫升，蜂蜜20毫升，水200毫升，混合饮用，具有养颜、通经络、软化血管、降血脂和抗疲劳作用。核桃蜜汁：核桃肉20克研碎，兑蜂蜜30克，每天2次，口服。

（3）孕妇吃蜂蜜有何好处?

蜂蜜营养丰富，清热润燥，安抚精神。怀孕的妇女食用蜂蜜能补充营养，增强体质，预防感冒、火气和便秘。牛奶加蜂蜜：每晚睡前喝杯加一勺蜂蜜的热牛奶有利于提升睡眠质量。荔枝美容粥：荔枝10个（去壳），粳米50克，蜂蜜20克，加水熬粥食用，每天1次。蜂蜜大枣茶：大枣5个，煮烂榨汁，与蜂蜜同用，具有促进生长、润肤悦颜的作用。蜂蜜鸡蛋茶：鸡蛋1枚，磕开搅拌均匀，加入300克沸水，搅拌成蛋花，片刻，再加蜂蜜35克，适合盗汗体虚、肝火旺盛者服用。

（4）肝病患者怎样食用蜂蜜？

蜂蜜有保护肝脏，增强肝脏解毒功能的作用。强力蜜姜饮：鲜生姜30克洗净榨汁，用30克蜂蜜调兑，温开水冲服，每日3次。慢性感冒、肺寒咳嗽及胃寒干呕等病症，可口服蜂蜜水，每天早、晚空腹饮用蜂蜜40～50克（加水）。口服王浆蜜：20%的蜂王浆蜜30克，加水200克，口服，每日2次，用于辅助治疗肝病、黄疸型肝炎或肝炎。其中，芝麻蜜、枸杞蜜、椿树蜜、菊花蜜、五味子蜜、野坝子蜜、苦参蜜和桶养土蜂蜜对肝脏更好。

（5）结核病患者怎样食用蜂蜜？

每天口服蜂蜜50～75克，加牛奶225～450克。有助于结核病症状减轻，使患者血红蛋白增加和血沉降低。以枇杷蜜、野藿香蜜、黄连蜜、枸杞蜜和山花蜜为佳。

（6）食用蜂蜜的禁忌是什么？

凡湿热积滞、痰湿内蕴、中满痞胀及肠滑泄泻者，均不宜食用蜂蜜。糖尿病人可在医生的指导下少量食用蜂蜜。饭前1.5小时饮用蜂蜜会抑制胃液的分泌，饮用蜂蜜后立即进食会刺激胃液的分泌。温热的蜂蜜水会使胃液稀释而降低胃酸，而冷的蜂蜜水能刺激胃酸分泌，加强肠道运动，有轻泻的作用。不宜食用发酵严重或兑茶水变黑（被铁污染）的蜂蜜，有毒蜂蜜不能食用。有毒蜂蜜多为绿色、深棕色或深琥珀色，有苦、麻、涩等味感，随着贮藏时间的延长，毒性会逐渐降低。苦参蜂蜜和八叶五加蜂蜜味苦，但无毒。

蜂蜜中富含多种微量元素，不能与富含维生素C的韭菜、苹果、西瓜等食物混在一起食用，这些食物中的维生素C容易与蜂蜜发生氧化作用。而且蜂蜜中含有大量有机酸，不能与葱、大蒜、洋葱等有刺激性气味的食物混在一起食用，因为这些食物中的硫氨酸会与蜂蜜产生化学反应，导致腹泻。牛奶和蜂蜜能一起食用，但必须注意的是，蜂蜜的营养成分和风味都会被高温破坏，因此不能把蜂蜜放进牛奶中一同煮沸，而应该在牛奶温热的时候加入。

2. 食用蜂王浆的注意事项

（1）儿童能吃蜂王浆吗?

蜂王浆中含有氨基酸和腮腺激素样物质，可以促进儿童的生长发育，吃蜂王浆还能够提高免疫力。所以，免疫力差、易感冒、体质弱、营养或发育不良的儿童适宜食用蜂王浆。儿童食用蜂王浆，一般将蜂王浆与蜂蜜混合，加工成蜂王浆蜜，可加水饮用或用馒头蘸着吃，每日用量1克（按蜂王浆计）左右。

（2）孕妇能吃蜂王浆吗?

孕妇可以吃蜂王浆，用以补充营养，促进代谢，提高免疫力，预防孕期胎儿营养不良，促进胎儿生长发育。蜂王浆中的牛磺酸、泛酸和氨基酸对婴儿的生长发育有促进作用，婴儿出生后抗病力强、不容易感冒，孕妇产后食用蜂王浆也可以很快恢复健康。2002年《中国妇女报》刊登《育花使者蜂王浆》一文，介绍食用蜂王浆怀孕生子的经验。孕妇每天食用蜂王浆的量以1克左右为宜，怀孕期内总量不超过250克，与蜂蜜一起加入温开水、牛奶、豆浆、鸡蛋羹或者果汁中饮用都可以。

（3）老人怎么吃蜂王浆?

蜂王浆含有丙种球蛋白、氨基酸、吡哆醇、维生素、微量元素、脂肪酸、酶、核酸、乙酰胆碱、牛磺酸和激素等多种生理活性物质，老人常吃蜂王浆，能够健脑，预防老年痴呆、骨质疏松、动脉硬化、脑血栓、心肌梗塞、改善性生活。食用蜂王浆后，具体表现为休息好、食欲好、血压正常、体质增强、气色好转、精力旺盛。有些停经数年的妇女，在食用蜂王浆后还可以出现月经再来的情况。老人食用蜂王浆一般为2～4克，加入蜂蜜20～25克和温开水200～250毫升，混合饮用。

（4）青年人怎样食用蜂王浆?

青年人既可按常规食用，也可服用蜂王浆胶囊、蜂王浆含片等蜂王浆制品。蜂王浆中含有癸烯酸、腮腺样物质和性激素等成分，具有保持青春、延缓衰老、增强性功能、提高性生活质量、调理内分泌以及亚健康等作用。更可贵的是，天天食用蜂王浆，可以有效预防癌症发生。另外，蜂王浆对男女不孕不育、高血压、高血脂、冠心病和动脉硬化等疾病都有一定的辅助调理作用。

（5）蜂王浆能不能用开水冲服？

在蜂王浆消费者中，有人反映效果并不好，当被问到如何服用时，回答是与食用牛奶和鸡蛋一样，用开水冲饮。这样服用蜂王浆，肯定收不到什么效果。因为蜂王浆中丰富的生物活性物质对热很敏感，在常温下保存很容易变质、腐败。如在气温30℃的条件下，经过几十个小时就会起泡、发酵，使所含蛋白质等营养物质遭到破坏，在高温100℃时就会失去食用价值。而在冷冻时则稳定，不会营养丧失，在－18℃以下氧化停止，可保存几年质量不变。

因此，蜂王浆绝对不能用开水冲服，否则会破坏其有效成分而严重影响效果，如果要冲服的话，也只能用35～40℃的温开水或凉开水，最好是直接服用蜂王浆后喝杯温开水，既简便效果又好。

（6）蜂王浆是否会导致性早熟？

从蜂王浆所含性激素对人体的作用来看，每100克鲜蜂王浆中含雌二酮0.4167微克、睾酮0.1082微克、孕酮0.1166微克，总量不会超过0.8微克。一般每人每月补充性激素的量应在5000～7000微克，如果每日食用蜂王浆10克，1个月仅食用300克，也只吃进2.4微克激素，就按人体需要最低量5000微克计算，从蜂王浆中吃进的性激素为安全量的2.4/5000。因每100克蜂王浆含性激素约0.8微克，要达到5000微克，则需要吃进625千克蜂王浆。可见日常少量服用蜂王浆不会导致性早熟，也不会产生副作用。

（7）糖尿病患者能否服用蜂王浆蜜？

蜂王浆对糖尿病有较好的辅助疗效，但糖尿病患者只能服用纯鲜蜂王浆，不能服用蜂王浆蜜，即不能将蜂王浆与蜂蜜混合后服用。因蜂蜜含有较多葡萄糖和少量蔗糖，更不能用非天然蜂蜜，此类蜂蜜蔗糖含量高，尤其是避免服用掺有玉米加工的果葡糖浆和人工转化糖的假蜂蜜。否则，不仅不能降低血糖，反而会升高血糖，对糖尿病患者极为不利。因此，糖尿病患者只能服用冷冻保存的蜂王浆，不能服用蜂王浆蜜。

3. 食用蜂胶的注意事项

（1）如何处理蜂胶过敏？

蜂胶中可使人致敏的物质有3-甲基-2-丁烯咖啡酸（54%）、3-甲基-3-丁烯咖啡酸（28%）、2-甲基-2-丁烯咖啡酸（4%）、咖啡酸苯乙酯（8%）、咖啡酸（1%）、苄基咖啡酸盐（1%）等，如接触蜂胶时，面、颈部出现皮肤充血和湿疹样皮疹、发热、瘙痒等；而吸入蜂胶粉末、气雾剂等时，出现鼻痒、打喷嚏，鼻黏膜充血水肿、灼热、头痛，有的全身低热，即为过敏。蜂胶过敏一般从傍晚开始，续12小时左右症状消失，一旦发生蜂胶过敏，应先清除肢体上的蜂胶，或者口服扑尔敏，严重者应到医院救治。蜂毒过敏的人往往对蜂胶液过敏，过敏者应避免接触蜂胶产品。

（2）吃蜂胶有禁忌吗？

从蜂箱中的附布、覆盖铁纱、箱沿等处刮取的蜂胶须经过加工处理，除掉蜂胶中含有的铅、残留药物和杂质，才能应用。采自尼龙纱和竹丝覆盖专门生产的蜂胶，可以直接食用，还可用75%～95%的食用酒精提取后食用。婴幼儿和孕妇以及过敏的人不宜食用蜂胶，成人口服蜂胶，每天以2克左右为宜，每天食用或隔日食用。

（3）蜂胶如何配合胶囊服用？

服用蜂胶液时，可将原液滴在馒头、面包上或滴入牛奶、蜂蜜水、果汁中饮服，也可直接口服，气味辛辣而芳香，习惯后口感更佳。不适应的人群可购买空心胶囊，将原液滴入空胶囊中（胶囊壳为上等糯米加工而成，遇水或胃酸后快速溶解，不会造成消化系统的负担），温水吞服，此方法方便且易掌握，同时也避免了蜂胶中有效成分的浪费。

4. 食用蜂花粉的注意事项

（1）如何保存好蜂花粉？

蜂花粉短期存放，不能超过6个月，且应经过干燥和双层塑料袋密封处理后置于阴凉干燥处。长期贮存，温度需在−5℃以下，保持蜂花粉的颜色、味道和成分不变。市售蜂花粉需用双层食品塑料袋或专用瓶定量密封包装，标明蜂花粉的名称、净重、等级、产地等必要的防范标记。在常温下贮藏，蜂花粉中的维生素、黄酮类物质、氨基酸和过氧化氢（H_2O_2）等的含量会逐渐下降，有些种类的蜂花粉颜色会加深，而茶花粉的颜色则会变浅，直至变为灰白色，味道除酸味加重外，还有不良的馊味，品质低劣。

（2）哪些人适合食用蜂花粉？

体质差的儿童、所有成年人都可以食用蜂花粉。蜂花粉产品对患有高脂血症、动脉硬化、贫血、便秘、癌症、营养不良、疲劳综合征、内分泌失调、更年期综合征、前列腺疾病和男性不育的病人具有良好的调理效果。患缺铁性贫血的儿童，每天口服蜂花粉6克。蜂花粉可促进红细胞生成，对肾性贫血和同时并发高血压及高血凝症患者有益。蜂花粉能改善慢性苯中毒患者的神经衰弱症状及血象，增强体质，提高劳动能力。

（3）如何应用蜂花粉健脑？

儿童和老人每天分别食用破壁蜂花粉5 ～ 10克和20克，成人食用破壁花粉或不破壁花粉20克。蜂花粉为脑细胞的发育和生理活动提供丰富的营养物质，促进脑细胞的生长，增强中枢神经系统的功能和调节脑垂体的分泌功能，使大脑保持旺盛的活力。实验表明，服用蜂花粉能增强记忆力，尤其是玉米花粉对老年男性的记忆力有显著提高。

茶花蜂花粉（赵亚周/摄）

（4）如何应用蜂花粉养生？

食用蜂花粉刺激了下丘脑的神经元，使神经组织恢复活力，从而延缓了衰老。此外，蜂花粉还可以促使胸腺生长、T淋巴细胞和巨噬细胞增加，提高机体免疫功能，抵御疾病和衰老。蜂花粉中含有微量元素硒、维生素E、维生素C、β-胡萝卜素、超氧化物歧化酶（SOD）等多种活性成分，这些物质能抗氧化，清除机体代谢所产生的自由基，延缓皮肤衰老和脂褐素沉积。

蜂花粉还通过影响机体代谢，使人强壮，其中的蛋白质、核酸也都是延缓衰老的物质。另外，还对便秘和失眠有调理作用。食用方法：将蜂花粉和入面粉、米粉中制成糕点、酥饼食用，具有调节肠胃、滋补抗衰和强身健体的作用。破壁蜂花粉20克，加蜂王浆5克，加蜂蜜50克，每天1剂，分2次在饭前30分钟服用，适合体质衰弱、病后恢复者食用。

（5）食用蜂花粉的禁忌有哪些？

有害蜂花粉：一般情况下，食用蜂花粉是安全的。但是，蜜蜂采自曼陀罗和棉花条等植物的花粉对人有害，牙碜的、变酸的蜂花粉也不能食用，直接食用的蜂花粉还须用85%的酒精喷洒消毒。

蜂花粉过敏：过敏的人不宜食用蜂花粉。花粉具有抗原性以及大量的酶，有个别人对蜂花粉过敏。譬如在柳絮纷飞的春天，有人发作季节性喷嚏、大量流鼻涕，鼻、眼、耳、咽、上颚痒，以及哮喘、皮炎、荨麻疹，或服用蜂花粉后出现腹痛、皮疹、尿糖升高等，这些症状在季节过后或停用蜂花粉后会自愈。

（6）蜂花粉的不适宜人群有哪些？

蜂花粉虽好，但有些人如婴儿、痛风患者、花粉过敏者不宜食用。婴儿（2岁以下的儿童）不能吃蜂花粉，因为蜂花粉在采集过程中带有肉毒杆菌之类的细菌，这些细菌对于消化道尚未完全发育的婴儿来说，具有很强的破坏力，很容易让宝宝腹泻。针对这种情况，妈妈们将蜂花粉蒸熟之后给宝宝吃，也是可以的。

痛风患者不能食用蜂花粉，因为蜂花粉中广泛含有核酸，尤其是嘌呤，食用后将会加重病情。过敏体质的人也不能食用蜂花粉，尤其是花粉过敏者，因为花粉本身是一种过敏原，食用之后，皮肤马上会起红疙瘩，瘙痒难耐。

（7）食用蜂花粉时应注意哪些卫生条件？

目前，我国生产蜂花粉主要是以巢门截留、日光晒干为主，在这个过程中，难免被泥沙污染和虫子光顾。贮藏期间还有可能被霉菌寄生和虫蛀，生产环境也影响产品的卫生，从而造成食用上的安全隐患。因此，食用的蜂花粉必须颗粒整齐、色泽鲜艳、无异味、无牙碜、无霉迹、无粉尘；生产过程、放蜂环境优越，严格按照有关操作规程；包装销售前须对产品消毒灭菌。蜂花粉从蜜蜂腿上截留下来时起，尽量及早食用，常温保存不超过6个月为宜，变质的产品对身体有害。

蜂花粉的生产需要注意环境卫生（赵亚周/摄）

（五）蜂产品热点知识问答

1. 关于蜂蜜

（1）深色蜂蜜和浅色蜂蜜哪种好?

蜂蜜的颜色，取决于蜜源植物、气候、土壤等条件，不同种类的蜂蜜其主要的营养成分和作用大体相同，但成分和性状存在着细小差异，颜色、气味、口感也有不同。通常颜色浅的蜂蜜口感清香，深色蜂蜜口感浓郁。但研究证明深色蜂蜜的矿物质含量比浅色蜂蜜要丰富，消费者可根据个人的喜好进行选购。

深色蜜和浅色蜜（赵亚周/摄）

（2）为什么说蜂蜜对便秘有效?

蜂蜜能润滑肠胃，蜂蜜中的乙酰胆碱还能促进胃肠运动。传统医学认为蜂蜜有很好的润燥和通便作用。蜂蜜通过对肠壁的滋润达到通便的作用，属于缓下，不仅对人体无损，还能起到滋养作用，特别适合儿童、老年人及体虚者食用。长期坚持食用蜂蜜可以有效预防便秘的发生，在便秘发生时服用蜂蜜，可很快达到通便的目的。

（3）为什么说“蜂蜜是老年人的牛奶”？

蜂蜜是很适合老年人生理需求的营养珍品。随着年龄的增长，人体对葡萄糖的利用率会显著降低，而对果糖的利用率则变化不大。这表明果糖和含果糖类的产品是老年人理想的糖类食品，它不仅能为机体提供一定的热量和营养物质，还能为机体提供一种适合的碳水化合物。

蜂蜜中的糖主要为葡萄糖和果糖，是可以直接被人体吸收的糖，这就减轻了老年人的消化负担。另外，蜂蜜中含有很多的酶类、矿物质、维生素、有机酸，不仅可以增强老年人的抵抗力，还对老年性疾病有预防作用。老年人经常服用蜂蜜可以防止咳嗽、失眠、心血管疾病、消化不良、胃肠溃疡、便秘以及痢疾等。

（4）蜂蜜有护肤作用吗?

蜂蜜含有果糖、葡萄糖、维生素、矿物质等多种对皮肤有益的成分，这些成分可以直接作用于表皮和真皮，并会影响细胞代谢过程，促进皮肤生理平衡，因此有护肤、抗皱等作用。其中果糖具有很强的保湿性，能滋润皮肤，防止皮肤干燥，使皮肤柔嫩有光泽。很多润肤的化妆品中都加入了蜂蜜，常见的产品有蜂蜜爽肤水、蜂蜜润肤膏等，有的面膜中也含有蜂蜜成分。

（5）为什么提倡儿童膳食中加入蜂蜜?

儿童期是人体的发育成长阶段，需要大量的糖类来为身体组织器官的生长发育提供能量，所以人在儿童期特别喜欢也特别需要甜食。用蜂蜜代替白糖，一方面可以降低儿童龋齿的发生（引起龋齿的细菌更容易利用白糖）；另一方面可以矫正儿童某些营养缺乏症，补充铁、铜等元素以促进造血功能提升，增加血红蛋白，改善和减轻营养性贫血症状。不仅如此，蜂蜜中的其他营养成分，尤其是酶、维生素等物质吸收率也很高。由于一周岁以内的婴儿消化系统发育不成熟，因此应慎用或少用蜂蜜为宜。

（6）结晶的蜂蜜是不是真蜂蜜？

蜂蜜结晶是一种正常的物理现象，并不影响其品质。蜂蜜结晶是因为葡萄糖从蜂蜜中析出，形成结晶核，其逐渐增多后形成结晶粒，许多结晶粒便构成了我们肉眼所见的结晶。一般来说，蜂蜜都会发生结晶现象，只是有些蜂蜜容易结晶，而有些蜂蜜不易结晶。

结晶出现的快慢差异性很大，有的几个月就结晶，有的几年才结晶。通常，蜂蜜结晶与温度有直接关系，温度在13～14℃时最易结晶。不同的蜂蜜，甚至同种蜂蜜，结晶的状态也不一样，有粒粗、粒略粗、粒细和细腻等不同状态。通常条件下，结晶的速度越快，结晶颗粒越粗，反之则越细。蜂蜜结晶并不影响其品质和食用，不能将结晶作为判定蜂蜜真假的依据，还需要进行检测分析和综合判定。

蜂蜜的结晶现象（赵亚周/摄）

（7）糖尿病人能吃蜂蜜吗？

蜂蜜中含有相当比例的果糖，可以不受胰岛素的影响，还含有抑制血糖升高的成分——乙酰胆碱，不会引起血糖升高。但是蜂蜜中还含有大量的其他糖类物质如葡萄糖，这是糖尿病人应该控制的，因此，糖尿病人在血糖不稳定的情况下，吃蜂蜜应慎重。

（8）蜂蜜应如何存放？

由于蜂蜜呈弱酸性，易与金属制品发生化学反应，所以蜂蜜不要用普通金属器皿盛放，可以用不锈钢、搪瓷、玻璃、陶瓷、无毒塑料等材质的器皿盛放。蜂蜜具吸水性和吸异味特性，若蜂蜜暴露在相对湿度较高的空气中，就会吸收空气中的水分而发酵。蜂蜜在常温下即可贮存，适宜置于干燥、通风、无阳光直射、无异味的环境。

2.关于蜂王浆

（1）蜂王浆含有激素吗？

蜂王浆和肉、禽、蛋、奶等动物性食品一样，含有正常合理的激素，而且科学实验证明，蜂王浆中激素含量远远低于一般动物性食品。内源性激素是动物性食品的天然成分，与人体血液和相应组织中含有性激素是一个道理，随意夸大蜂王浆激素的副作用是违背科学常识的。

科研人员对动物性食品和一般动物性食品中的激素进行了检测，结果发现牛肉、猪肉、羊肉、鸡肉、鸡蛋、牛奶等7类17件样品中均有激素检出，但检出率不同，各种性激素的含量也不相同。1克牛肉中雌二醇含量为38 ～ 1670纳克，是蜂王浆中雌二醇含量的10 ～ 400倍。1克羊肉中孕酮含量650纳克，是蜂王浆中孕酮含量的180多倍。1克牛奶中睾酮含量20 ～ 150纳克，是蜂王浆中睾酮含量的5 ～ 40倍。

实际上人一刻也离不开激素，人体除了自身合成激素外，还需从食物中补充。一般每人每月所需性激素量为5000 ～ 7000微克，即使我们每天食用15克蜂王浆，一个月共食用450克，性激素含量也仅有1.71微克，所以食用蜂王浆是绝对安全的。

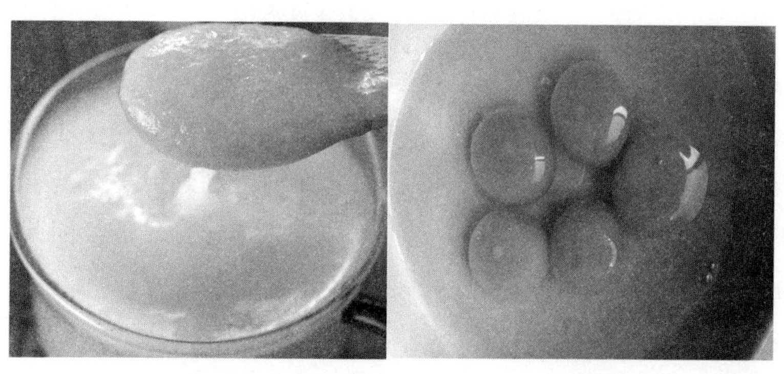

同等质量的蜂王浆中激素含量低于鸡蛋（赵亚周/摄）

（2）好的蜂王浆应该是什么味道的？

由于蜂王浆成分复杂，味道也很特殊。国家标准中标明蜂王浆有明显的酸、涩、辛辣和甜味感，这种独特的口感是人工调配不出来的。

（3）如何判断蜂王浆产品是否过期？

许多人会问，吃了过期的蜂王浆会不会拉肚子？其实不会，只要不过量食用，是没有什么问题的。正常情况下，蜂王浆可以放在冰箱里存放2～3个月的时间，如果采用冷冻的方式，那么存放时间在2年左右，存放超过2年的蜂王浆，最好不要再食用了。一般情况下，变质的食物是会产生酸味的，但是蜂王浆的味道本身就是以酸、涩、辛辣口感为主，所以从味道上比较难辨别它是否过期。新鲜的蜂王浆，色泽多为淡黄色浆状物，保存不当比较容易变质，变质后就失去作用。

（4）皮肤调理可以用纯天然蜂王浆吗？

目前，科学研究已经证实了纯天然蜂王浆对大部分人的皮肤是有好处的。那么纯天然蜂王浆为什么会对皮肤有这么好的作用呢？主要有以下几点原因。

① 纯天然蜂王浆能够保护皮肤免受紫外线的照射伤，因为阳光中的紫外线可增强皮肤内酪氨酸酶的活性，从而加速黑色素的形成，而蜂王浆酸则能显著抑制酪氨酸酶的活性，阻止黑色素的形成。

② 纯天然蜂王浆中含有很多营养物质成分，它能使表皮细胞活力增强，改善皮肤的新陈代谢，使松弛、干燥的皮肤变得光滑和有弹性，而且其中的酸性因子具有抗菌消炎、调节皮肤生理、辅助治疗皮肤病的效果。

（5）食用蜂王浆应注意哪些问题？

① 不能用沸水冲服，否则会破坏蜂王浆中的活性物质而影响其功效。如要冲服的话，也只能用温开水或凉开水，最好是直接食用后再喝点温开水。方法简单，效果又好。

② 要坚持，不能只服用几天就停服，三天打鱼两天晒网是不可能收到预期效果的，贵在坚持。

③ 食用蜂王浆的剂量目前还没有统一的标准，应根据各人的体质情

况来确定。一般来讲，凡是质量可靠的新鲜蜂王浆，成年人推荐为每天3～10克，用于辅助治疗时可酌情加大用量。

④蜂王浆是一种天然营养品，本来就是蜜蜂饲喂蜂王的食料，因此它和日常各种饮食及一般药物不会发生冲突。但是，蜂王浆怕酸、碱，因此要与含有酸性或碱性的药物间隔服用。

（6）男人能吃蜂王浆吗?

有人误以为蜂王浆中的雌激素含量高，男士们吃了会女性化。其实，这种担心完全没有必要。蜂王浆中所含的激素远远低于人们日常食用的肉、禽、蛋、奶中的激素含量，所以男人可以服用蜂王浆。

（7）炎夏时节能否服用蜂王浆?

食用蜂王浆的消费者中，经常有人问到炎夏时节能否食用蜂王浆的问题。按照传统观念，人们认为夏天不能进补。因为传统的补品如人参、鹿茸等，均属温热性质，适宜于冬天温补，夏天炎热天气时宜选择清补。蜂王浆性平和，可调节机体新陈代谢和免疫功能。炎夏气温高，人体出汗多，身体能量消耗大，加上睡不好、吃不香，服用蜂王浆是有好处的。实践证明，炎夏时节坚持食用蜂王浆，可以改善睡眠，增加食欲，提高人体对高温环境的适应能力。

（8）蜂王浆对老年人有什么益处?

蜂王浆非常适合老年人食用，有提高免疫力的作用。有专家认为，蜂王浆含有增强机体抵抗力、延缓衰老的丙种球蛋白，并且蜂王浆中的泛酸和吡哆醇（维生素B_6）能够使人长寿。

蜂王浆营养丰富（赵亚周/摄）

另有研究表明，服用蜂王浆能抗氧化、清除自由基，增强人体免疫功能，调整人体内分泌，抑制脂褐素的产生，给机体补充核酸，可抗基因突变和促进机体营养平衡和增强体质。食用蜂王浆还能提高脑组织中乙酰胆碱的水平和活力，增强抗氧化能力和脑神经元之间的信息传递，促进合成及补充蛋白质和核酸，减少自由基对脑细胞的伤害，对预防老年痴呆有积极意义。

（9）冷冻后的鲜蜂王浆如何解冻才能不破坏其营养成分？

冷冻后的鲜蜂王浆要解冻，因条件不同可以采用不同的方法。可将冷冻蜂王浆放在保鲜柜（层）即冷藏室中，让其自然解冻。也可将蜂王浆瓶置于塑料袋内，密封好，泡入凉水中自然解冻。如有条件的话，可将其放在流动的水中解冻更快，但绝对不能用热水浸泡或在阳光下暴晒解冻，以免破坏蜂王浆的营养成分。

3.关于蜂胶

（1）蜂胶含有激素吗？

根据国内外有关科研机构、专家学者多年对蜂胶的研究和分析结果显示，迄今没有发现关于蜂胶含有激素的报道。我国检测机构2010年的检测结果再次表明，蜂胶不含孕酮、雌酮、雌二醇、雌三醇、乙烯雌酚、睾丸酮、甲基睾丸酮等激素。因此，蜂胶含激素之说缺乏科学依据。

（2）为什么蜂胶不能作为普通食品生产销售？

食品主要作用在于其能为人体提供营养，其营养通常指食品中所含的热能和营养素。

蜂胶不是普通食品，因为蜂胶的成分决定它不能用于充饥解饿，不能以提供营养和热量为主要目的而大量食用。蜂胶的价值在于其具有多种功能和辅助疗效。

（3）蜂胶对糖尿病患者有什么作用？

蜂胶含有30余类500多种天然成分，成为世界各国人民钟爱的天然健康品。蜂胶文化深深根植于中医文化土壤之中，它着眼于人体整体机能运转的完整与健全，重视从根本上进行调理、调养，从根本上恢复人体健康。其中蜂胶在糖尿病辅助治疗上的利用也由来已久，蜂胶对糖尿病的辅助治疗作用也经过了科研工作者多年的临床观察及广泛的实际应用。

我们都知道糖尿病并不可怕，可怕的是糖尿病引起的并发症。糖尿病控制难度大，有2/3以上的患者血糖控制都不达标，从而陷入并发症的高发状态。由于并发症涉及血管、神经、代谢、免疫等各组织器官，一旦出现，就往往多病症同时发生，治疗难度大。因此患者不仅要加强控制血糖，还要注重日常调理，蜂胶的作用是它能帮助降血糖又能延缓并发症的产生。

在降血糖方面，蜂胶中的黄酮类和萜烯类物质具有促进外源性葡萄糖合成肝糖原的作用，能明显降低血糖，所以黄酮类化合物含量高的蜂胶对于降血糖还是比较好的。

在延缓并发症方面，蜂胶具有广谱的抗菌作用，能有效缓解各种感染。蜂胶的降血脂作用，改善了血液循环，并有抗氧化、保护血管的效果，这是控制糖尿病及其并发症的重要原因。

在修复胰岛受损B细胞方面，蜂胶有促进组织再生的作用，具有一定的修复受损胰岛细胞、减缓胰岛功能衰退的作用。

综合来看，蜂胶对于糖尿病的意义并非蜂胶的降糖作用，而是蜂胶对糖尿病的综合调理作用。蜂胶还有一个区别于药物的明显优势，就是蜂胶无副作用，且人体不会产生对蜂胶的抵抗性。所以，蜂胶可以长期服用。而药物在服用几年后，身体会产生抗药性，原先降糖效果明显的药物可能在服用几年后变得毫无作用。

（4）蜂胶有抗癌抑癌作用吗?

通过癌细胞体外培养和动物实验证实，蜂胶对癌细胞生长有明显的抑制作用。研究证实，肿瘤的发生发展原因很多，其中体内过剩的自由基与癌症密切相关。自由基扩展的连锁反应，促进了肿瘤细胞的快速分裂增生。由于蜂胶中含有丰富的抗肿瘤物质，能有效清除体内各种自由基，防止它们对正常细胞的侵袭。

蜂胶中含有抑制肿瘤细胞生长活性最强的咖啡酸苯乙酯、皂草黄素、儿茶精、阿替匹林C等，蜂胶还具有抗病毒活性和抗氧化作用，以及强化免疫的功能。因此，蜂胶能抑制致癌物质代谢，增强正常细胞膜活性，分解癌细胞周围的纤维蛋白，防止正常细胞癌变和癌细胞转移。

（5）为什么说蜂胶是“血管的清道夫”？

对心脑血管疾病有较好疗效的中草药均含有黄酮类物质，用于活血化瘀的药物也含有黄酮类物质。蜂胶中含有大量的黄酮类化合物、不饱和脂肪酸、萜烯类化合物，其具有极强的抗氧化作用，能控制胆固醇的合成，抑制脂质吸收并促进脂质排泄，从而软化血管，降低血管脆性及增强血管的通透性，改善微循环，预防血管硬化。常食蜂胶能净化血液，减少自由基对人体的损伤，预防过氧化脂质形成，清除体内毒素。因此，蜂胶被誉为“血管的清道夫”。

蜂胶被誉为“血管的清道夫”（赵亚周/摄）

（6）如何用蜂胶缓解口腔溃疡和牙周炎症状？

蜂胶中黄酮类化合物白杨素、芹菜素、金合欢素、槲皮素、高良姜素、山奈酚、山奈钾黄素、松属素、乔松酮、短叶松素等，以及某些萜烯类、酚酸类物质，都具有非常好的抗菌消炎和麻醉作用。

蜂胶对口腔疾病有特殊效果，比较简单的方法就是将蜂胶液直接滴在溃疡或牙龈发炎处，不仅能够很快止痛，还能够马上形成一层薄薄的蜂胶膜。这层蜂胶膜不易被唾液溶解，能覆盖在患处数小时，连续用蜂胶，一般短期内即可痊愈。在喉部炎症发生时，可在咽喉患处滴3～4滴蜂胶液，或用蜂胶水漱口，连续使用几次，即可缓解疼痛、基本消除炎症。

（7）蜂胶对美容有作用吗？

蜂胶具有很强的抗氧化作用，因此在阻止脂质过氧化、减少色素沉积、活化细胞、延缓衰老上更胜一筹。食用蜂胶产品在辅助治疗疾病、增强免疫力的同时，还可以调节内分泌、促进皮下组织血液循环，从而防治皮肤病，分解色斑，减少皱纹，消除粉刺、青春痘、皮炎等。目前市场上可以看到很多化妆品里都添加了蜂胶。

（8）哪些人不能使用蜂胶？

部分人对蜂胶有过敏反应，过敏表现为皮肤有红、肿、痒等局部反应，严重者会有发热、起皮疹，甚至休克等现象。初次使用蜂胶可取少量蜂胶液涂于手腕内侧或耳根后部，如在24小时内发生红肿，有烧灼感或痒感等过敏反应，应停止食用或外用。用苏打水清洗过敏部位，可减轻症状，停止食用三天到一周时间，过敏症状会逐渐消失。个别过敏反应严重者应去医院就医，用通常的脱敏方法治疗即可。

服用蜂胶产品一定要注意：过敏体质者慎用。

4.关于蜂花粉

（1）蜂花粉有哪些功能？

蜂花粉具有增强脑力和体力，消除疲劳，提高免疫功能，延缓衰老，预防感冒和老年痴呆，调节内分泌功能，调节月经，美容，减轻更年期症状等功效。花粉是植物生命的源泉，携带着生命的遗传信息，包括孕育新生命所需要的各种营养物质和植物生长发育各个阶段所需要的酶和激素。其特点是：营养全面、高度浓缩、特殊专一。作为天然食品，蜂花粉和蜂蜜一样，能够提供人体运动所需要的微量元素、酶，以及对运动后能量恢复有重要作用的生物活性物质，是很好的运动食品。

（2）破壁蜂花粉有何优点？

蜂花粉的花粉壳破裂称为破壁。破壁蜂花粉更适合儿童、妇女和老人服用，并可用来配制饮料和化妆品。但因其内部物质易被氧化和污染，对加工、包装和贮藏要求更加严格。利用酶、机械、气流和水流等可以使花粉壳破裂，破壁的蜂花粉外观色泽一致，具有典型的蜂花粉风味，含之即化，不硌牙，在手背面敷少量破壁蜂花粉，经过按摩后可被吸收，且无粗糙感。

（3）哪些人适合食用蜂花粉?

体质差的儿童、所有成年人都可以食用蜂花粉，对肝脏病人、营养不良、疲劳综合征、内分泌失调、更年期综合征、前列腺疾病和男性不育者尤其适合。蜂花粉可促进红细胞生成，对肾性贫血和同时并发高血压及高凝血症有辅助疗效。蜂花粉能改善慢性苯中毒患者的神经衰弱症状及血象，增强体质，提高劳动能力。

（4）松花粉和蜂花粉有何不同?

松花粉和蜂花粉在提高免疫力、通便等功能方面有相同之处，其他方面各有不同。松花粉是指松科植物马尾松、油松或同属种植物的干燥花粉，是人工采集的品种。蜂花粉是指蜜蜂从被子植物雄蕊花药和裸子植物小孢子叶上的小孢子囊内采集的花粉粒，经过蜜蜂加工而成的花粉团状物。从营养成分分析，松花粉纤维类成分含量比较高，可达40%左右。蜂花粉蛋白质含量比松花粉要高，一般可达18%以上，松花粉仅为10%左右。

松花粉（赵亚周/摄）

（5）蜂花粉是否含有激素，对人体有危害吗？

蜂花粉作为营养十分丰富的天然物质，经过检测含有少量激素成分，但这些激素的含量与作为药物剂量的激素不是同一数量级的关系，这些激素少之又少。如作为药物的雌激素片，人体食用量一日为0.2 ～ 1.25毫克，甲睾酮片一日的食用量为10 ～ 25毫克，而蜂花粉中激素含量远远低于这个水平。经科研人员检测，1克向日葵蜂花粉中雌二醇的含量为24.8皮克（1皮克=1/1000纳克），1克玉米蜂花粉中雌二醇含量为73皮克，1克紫云英蜂花粉中雌二醇为8.8皮克，1克板栗蜂花粉中雌二醇为144.4皮克。经检测，油菜蜂花粉中睾酮含量为0，1克松花粉中睾酮含量为27.37纳克，1克银杏蜂花粉中睾酮含量为86.88纳克，1克百合蜂花粉中睾酮含量为243.55纳克。

从上面的数据可以非常容易地计算出，我们每天食用的蜂花粉中所含激素非常有限，不会对人体造成负面影响，可以放心食用。

（6）消费者购买蜂花粉时要注意哪些问题？

蜂花粉制品按产品形式可以分为颗粒花粉原料制品和其他剂型，如片剂、胶囊。颗粒蜂花粉原料制品在国内外大都是以原蜂花粉团粒经筛选、去杂、低温烘干、灭菌后包装出售，有散装、小袋装或者瓶装等形式。目前市场上的蜂花粉种类较多，如油菜蜂花粉、玉米蜂花粉、向日葵蜂花粉、荞麦蜂花粉、杂花粉等。消费者可以从色泽是否一致、有无生虫和霉变、是否有清香气味、通过大拇指挤压有无潮湿感等方面来初步判断其质量优劣。

我国食品加工管理部门规定，其他蜂花粉制剂如花粉片、花粉胶囊、花粉口服液，属于定量包装食品，包装外应该有QS标志或保健食品标识、产品引用标准，以及生产厂家等标签文字信息。

（7）食用蜂花粉是否会过敏？

首先我们要弄清楚“花粉过敏症”和“食用蜂花粉过敏”这是两个不同的概念。花粉过敏症是有些人在呼吸过程中，因吸入空气中飘散的花粉后，出现打喷嚏、流鼻涕，上颚、外耳道、鼻黏膜、眼结膜等奇痒难忍等症状，临床表现类似于感冒，与人们“食用蜂花粉过敏”是完全不同的概念。我们所说的花粉，有风媒花粉（即通过风传播的花粉）和虫媒花粉（即通过昆虫传播的花粉）两种。花粉过敏症是由于风媒花粉所导致。在我国，有强力致敏原的风媒花粉只有蒿、豚草和日本柳杉等。

而蜂花粉作为虫媒花粉显然不是花粉过敏症的“罪魁祸首”。根据国内外的研究，蜂花粉还可以预防花粉过敏症。虽然有个别人食用蜂花粉后也会导致过敏反应，但这种情况是非常少见的，而且这种过敏也主要是和消费者自身属于过敏体质有关，一般消费者不必担心这个问题。

（8）食用蜂花粉后为何胃部有不适感?

蜂花粉既然能调节胃肠功能，是“肠内警察”，为什么有的人食用后会有胃不适感甚至会胃痛？这种情况大都发生在食用花粉开始的两周内，偶尔会有一天或两天胃部不适或胃痛，特别是胃溃疡患者，这是正常现象。此现象通常被称为过渡期症状，只有少数人会出现此症状。这是由于花粉中含有丰富的维生素B_1，它作用于胃的分泌系统，促进胃酸加速分泌。待过渡期过去以后，胃的不适感或胃痛就会消失。

食用蜂花粉一般在早晚空腹时效果最佳，若饭前服用蜂花粉后有胃部不舒服的感觉，则可改在饭后半小时内服用，或与食物同服（如加入稀饭中服用等）。刚开始服用时量要少，之后可逐渐加大服用量。

图书在版编目（CIP）数据

选对吃好峰产品：峰产品与人类健康零距离 / 彭文君，赵亚周编著. —北京：中国农业出版社，2021.5
ISBN 978-7-109-28011-3

Ⅰ.①选… Ⅱ.①彭… ②赵… Ⅲ.①蜂产品—基本知识 Ⅳ.①S896

中国版本图书馆CIP数据核字（2021）第042215号

选对吃好峰产品：峰产品与人类健康零距离
XUANDUI CHIHAO FENGCHANPIN：FENGCHANPIN YU RENLEI JIANKANG LINGJULI

中国农业出版社出版
地址：北京市朝阳区麦子店街18号楼
邮编：100125
策划编辑：李　梅
责任编辑：李　梅　　文字编辑：赵世元
责任设计：杜　然　　责任校对：沙凯霖
印刷：北京中兴印刷有限公司
版次：2021年5月第1版
印次：2021年5月北京第1次印刷
发行：新华书店北京发行所
开本：700mm × 1000mm　1/16
印张：7.25　　插页：4
字数：200千字
定价：49.80元
